祁云枝 著·绘

# 我的植物闺蜜

上海大学出版社
·上海·

图书在版编目（CIP）数据

我的植物闺蜜 / 祁云枝著.—上海：上海大学出版社，
2020.3
ISBN 978-7-5671-3807-0

Ⅰ.①我… Ⅱ.①祁… Ⅲ.①植物—普及读物 Ⅳ.①Q94-49

中国版本图书馆CIP数据核字（2020）第012758号


责任编辑　傅玉芳　石伟丽
装帧设计　柯国富
技术编辑　金　鑫　钱宇坤


我的植物闺蜜

祁云枝　著·绘

出 版 发 行　上海大学出版社
社　　　址　上海市上大路99号
邮 政 编 码　200444
网　　　址　www.shupress.cn
发 行 热 线　021-66135112
出 版 人　戴骏豪

印　　　刷　上海颛辉印刷厂
经　　　销　各地新华书店
开　　　本　787mm×960mm　1/16
印　　　张　34
字　　　数　680千字
版　　　次　2020年3月第1版
印　　　次　2020年3月第1次
书　　　号　ISBN 978-7-5671-3807-0/Q·009
定　　　价　88.00元（全二册）

# 众人合序

祁云枝用专业知识、美文和漫画，加之人文学者的态度，向我们展现了多种植物奇妙的生存智慧。这本书不仅有植物学研究的深度，也有向读者普及植物学知识的普适性，还通过抒情散文的笔法和幽默漫画等多角度诠释植物。这将是一本引导现代人了解植物、爱上植物、抚慰心灵，并经由一株株植物，感受整个世界的优秀图书。

中国科学院院士
中国植物学会名誉理事长

## 我听到了花开的声音——杨广虎

祁云枝的科学散文，形神和谐、启智启美，具有时代的正能量，不时唤醒我们对植物、大自然的保护和关心……这些文字，让整个世界听到了花儿内心的声音。这种天籁之音，简洁、安静、辽远、深邃，富有诗意、哲学和智慧，让人一生难以忘怀……

杨广虎，中国作家协会、中国诗歌学会、中国散文学会等学会会员，第三届陕西省作家协会签约作家，著有个人作品集多部。曾

获西安文学奖、中华宝石文学奖、陕西文艺评论奖、第五届冰心散文奖理论奖等。

## 花草意境中的人生哲思——常晓军

读祁云枝的科学散文，可以感受到作者对花草世界的谙熟，以及从生活角度对生命的思考和鉴赏。她借助花草来阐释自己对人生、社会的独特认知。从某种意义上说，这些花草是散发着声音、气味、想象的神奇生命。祁云枝这种独特体验下对生命的思索和心灵的震撼延续成多彩的世界，让读者在色彩与生活的观瞻下，不断领略诗意与美感的植物世界，感受花草散文的独特魅力。

常晓军，副教授，陕西文学院签约作家，出版文学评论集《一个人的行走》、散文集《行走红河谷》等，第六届冰心散文奖获得者。

## 草市深处的诗意芬芳——紫慕

在祁云枝用文字营造的这片原野里，一棵树，一叶草，一朵花，甚至树上的鸟儿，花上的蜂，还有草叶间的轻风，仿佛都被神仙点化，一时间生动、鲜活起来，弥漫着诗意的芬芳。

对于植物的诗意描绘绝不是作为植物专家的祁云枝女士的随意遐想，而是基于她植物科学的高深素养。一本关乎植物的科普著作便成了优美动情的散文合集，读者不仅从中获得知识和人生的启示，更是一次独特的审美之旅。

紫慕，中国散文学会会员，中国儿童文学研究会会员，散文作家，

诗人，作品散见于《儿童文学》《散文诗》《中华散文精粹》《陕西文学年选》《中国铁路文艺》等，获奖若干。媒体文学编辑。

## 用心倾听植物的声音——汪翠萍

作者多年与植物为友，拥有敬畏植物的心、懂得草木的眼睛和善解花意的心灵，善于用生花妙笔书写植物的喜怒哀乐、思想灵魂。

植物多情，书亦多情，此书读来轻松启智，读罢回味悠长，堪为读者之良伴。

汪翠萍，文学博士，长安大学文学艺术与传播学院教师，曾有文章发表于《思想战线》《小说评论》《科技导报》《学术探索》等期刊，主持国家社会科学基金等项目。

## 云在枝头树在园——舒敏

如果让我用最简练的语言阐述祁云枝的创作，我觉得是四个字——诗情画意。所谓诗情，是指作者在写作的过程中，把植物当人看，所以植物也就跟人一样有生老病死，有聪明狡黠，有恋爱劈腿……总之，是充满了人间烟火、七情六欲；所谓画意，是指整本书里都有灵性曼妙的原创漫画，这些漫画都出自祁云枝之手。这本书很专业，但非常有趣。祁云枝用像泉水一样叮咚着的轻灵文字，将极其专业的植物知识，以美丽活泼的文字形式通俗地讲给了读者。

舒敏，中国作家协会会员，西安市雁塔区作协副主席。1992年毕业于西北大学哲学系。现供职于陕西师范大学出版总社。有作品散

见于各大报刊，有散文入选《2014陕西文学年选·散文卷》。出版
有散文集《独自呢喃的树》《梦里乡愁》。

## 植物根茎熬制的鸡汤——白忠德

祁云枝的散文有三个特点：一是科普（专业性），二是美文（人
文性），三是漫画（趣味性）。她的语言精炼干脆活泼，漫画总能
给人以启示和思考，那是一种美的力量，植物文字配上精美的漫画，
读来好比一个酷爱烟酒的人在喝得微醺时抽上一支烟，是一种神仙
般的享受。

这三个特点共同烘托出云枝散文的一个最大特点，那便是她通
过表现人与植物的亲密关系，唤起人对植物的热爱、对自然的尊重
与保护意识。

白忠德，中国散文学会会员，陕西省大秦岭文化艺术研究中心研
究员，陕西省作协和西安市文联签约作家。出版散文集《风过余家沟》
《大熊猫 我的秦岭邻居》《回望农民》《斯世佛坪》等多部，作品
入选人教版初中语文辅导教材等多种选本，获冰心散文奖、呀诺达生
态文学奖提名奖、陕西省作协年度文学奖、陕西省社科界优秀科普作
品奖等。

# 目　录

# 第二部分　花色迷离 / 105

## 第三部分　树影重重 / 193

1. 大颅榄树的哀伤 / 195

2. 柏树泽绵绵 / 201

3. 秋日"栾"歌 / 208

4. 遇见菩提树 / 213

5. 杨柳春风度玉门 / 219

6. 有树名枇杷 / 223

7. 树枝上的"刺猬" / 229

8. 白桦眼睛的指引 / 233

9. 火炬树　让我欢喜让我忧 / 238

10. 楷模是两种树？ / 242

11. 小雁塔里的古树 / 251

12. 富平柿事 / 258

13. 醉美银杏 / 263

14. 曲江的树 / 271

15. 槭树翅果善飞翔 / 279

16. 看　椰树 / 283

17. 梅花不喜漫天雪 / 288

## 第四部分　藤蔓多情 / 291

## 第五部分　草市佳音 / 373

# 第一部分　草本妖娆

　　熟悉与不熟悉的本草，都有其不平凡的生存智慧，带给我们无限的哲学启迪，是人类不可或缺的朋友，与人类的生活息息相关、唇齿相依。它们不仅可以寄托人类的情感、恩怨，而且也拥有自己的喜、怒、哀、乐。一花一世界，一草一段情，小草与人同样懂得真善美，有灵魂有思想。

# 麦苗　麦花　麦香

一场春雪后，田野里熟睡了一冬的麦苗被唤醒，似乎洗了个雪水澡，麦苗身上暗旧的衣裳焕然一新，泛出葳蕤的光。叶子们不再有气无力地匍匐在地上，像生了筋骨，一片片支棱起来，开始在春风里舒展拳脚，与头顶的白云太阳絮语。

此时，说麦苗起身似乎有点早，但它们确实返青了，是肉眼可以看得见的改变。肉眼看不到的变化，是麦苗的根在地下正蓬勃分蘖。后来知道，麦种下地后遇水膨胀，最先拱出体内的，是纤细的根，因为麦子懂得先站稳脚跟，再长出第一片叶子。当第二、第三片叶子相继长出来的时候，节根显现，继而开始分蘖，一级，二级，三级……分蘖，是个特别的词，它让我想起了凤凰涅槃，想起母仪大地，想起母亲的分娩。有人用一粒麦种，培育出上百个分蘖，抽出了一百多个麦穗。小小麦种的生命潜力，大到奢华。

在秦岭以北，麦子从种到收，几乎经历了春夏秋冬四个季节。如此长久眷恋土地的庄稼，只有麦子。也只有麦子，有能力彻底改变土地的颜色——麦子的嫩绿、翠绿、墨绿、黄绿与金黄，可以从眼前一直铺展到远山和天边，这种大美，即使是最棒的画家，也难以描摹。

开春，麦子起身，投入一场声势浩大的舞蹈。田野里，高矮胖瘦

整齐划一的麦苗，在风儿的指挥下，舞动花拳绣腿，荡出好看的麦浪。站在麦垄上，听得到麦子拔节的声音，这轻微的哗啵声，是麦子自己用力的声音，是万千麦苗用生命进行的帕格尼尼合奏。

小时候一直不懂，大人们种下麦子后，为什么要用两头细中间粗的笨重碌碡碾压？石碌碡用粗绳子系在牲口身后，拖拉着在麦田里滚来滚去，木轴与石头之间，发出吃力的摩擦音——"吱吱、呀呀"，如同哼唱一首上古的歌谣。刚刚躺进土层里的麦粒，能够承受这千钧重压吗？重压下的麦种，没有理会我对它们的担心，来年，却用绿油油的麦苗，给了我关于"重压与成长"的答案。

麦子拔节后，逐渐抽穗开花。麦子的花朵，是我见到过的最朴素的花，也是奉行极简主义的花朵，它们甚至不愿让人和动物为它们倾注目光。麦花摒弃了花瓣，摒弃了色彩，只保留雄蕊和雌蕊，像一粒粒细碎的虫卵，淡绿乳黄，半悬半挂地飘浮在麦穗上，让人忍不住为它们担心，担心一阵微风就能把花朵吹掉。

呵，麦子可不这么认为。扬花期间，麦穗正翘首期盼风儿的到来。它们要借助风去见证一场盛大的爱情，走入雌雄花儿间短促的洞房花烛季。麦子的雌雄花朵，都是喜爱风儿的"风媒花"。和煦春风里，麦子甜甜蜜蜜的"婚期"，会持续十天左右。经历了自花或他花授粉，麦子们昂首走向6月的金黄。

春天真热闹啊，田野里进行着无数喜气洋洋的"婚礼"。麦子的邻居——乡亲们称之为杂草的打碗花和麦瓶花也粉墨登场。和麦花不同，这些虫媒花有着靓丽的长相，它们擅长招蜂引蝶。看见它们，我会毫不犹豫地连根拔起，摘下花朵，心安理得地据为己有。我怕它们挡了雌雄麦花约会的道儿，也不愿意它们日后和麦子争抢地盘。

此时的田野和村庄，空气中氤氲着麦花的清香，这气味，让所有的呼吸变得平缓舒畅，使所有从麦田旁边经过的乡亲脚步踏实，也会使一个村庄、一座山坡抑或一条河流，变得从容……

　　花后，麦子开始灌浆。阳光寸寸抚摸、雨水滴滴滋润、热风阵阵拥抱后，麦穗由翠绿转为黄绿，内外稃包裹着的小小麦粒，也逐渐鼓胀起来。

　　我曾经尝过麦宝宝的味道。上初中时，从家到学校的小路，要穿过一片麦田。一天，上学路上碰到同班同学绒花，绒花说她知道怎么用麦子吹泡泡。说着，她揪下一粒麦穗，放进手掌心，一边揉搓一边用嘴吹气，最后，她的手心里，躺着十几粒滚圆的绿麦粒。绒花张口，一股脑儿将麦粒送进去，咀嚼，脸上写出夸张的甜蜜。那时，泡泡糖对我们来说，是稀罕物。不一会儿，绒花真的像嚼泡泡糖那样吹出了指头蛋大小的泡泡。

　　耐不住诱惑，我也顺手摘下一棵麦穗，拔掉长长的麦芒后，放到掌心里揉搓，一颗颗嫩麦粒渐渐脱去外套。深吸一口气，"噗"的一声吹向掌心，轻飘的麦糠飞走。余下的，是珍珠般圆润的麦粒。当牙齿挤压麦粒时，我似乎感觉到了汁水在唇齿间引起的那股电流。嗯，是带着青草香的甜味，似乎还有股奶香。由不得加快咀嚼，逐渐失去汁水和淀粉的嫩麦粒，软软糯糯地在我的唇齿间翻转，最后，只剩下筋道的面筋。轻轻一吹，竟也吹出了泡泡。

　　就这样嘻嘻哈哈一路吹着泡泡走进教室，不曾想和班主任高老师碰了个正着。高老师严肃批评了我俩顺手牵羊的行为，说这是不劳而获。末了，又语重心长地说，女孩子要文雅，怎么可以像阿飞那样一边走路一边大嚼东西？那天后，我再也没有摘过路边的麦穗。尽管，

每每穿过那片麦田时，青麦粒的甜香，就像一只只小手，不停地拽动我的衣襟。

我是吃麦面长大的。我身体里每根骨头、每块肌肉的力量，几乎都是麦子给予的。童年的主食馍馍、面条、面糊糊，后来的面包、糕点、馅饼等，这些形状不同、口感各异的吃食，全都离不开麦子。麦子扎根大地，吸收养分，把太阳光加工成可口的食物，然后在我们的胃里散发光芒，温暖滋养我们。

小时候最惦念的吃食，是母亲炸的新麦油饼。麦粒入仓后，母亲会舀出一升新麦面粉来炸油饼，犒劳一家人夏收后疲累的身子，滋润长期吃面条馒头酸菜而缺少油脂的胃。

面粉发好，揉至暄软，母亲在案板上把它们切成一个个小剂子，再擀成一个个圆饼，在面饼中间，用筷子戳一个洞。等铁锅里的热油开始晃动时，快速把面饼沿锅边滑进去。嗞啦一声，面饼被无数大大小小的泡泡簇拥着从锅底托起，呼呼呼膨胀起来，像是面饼里有个小鼓风机。用长筷子给油饼翻个身，再炸，呼呼呼，这一面也鼓胀成袖珍"游泳圈"。香味，开始在鼻尖上萦绕。待油饼两面金黄时，母亲用筷子夹起油饼，砰砰砰，在锅沿上敲几下，控油后，哐啷一声，放进盘子里。等待了一年的油饼，终于可以吃了。

咬一口，舌头上的每个细胞都活泛起来，齐齐竖起一片树林，林子里的每片叶子都喊：好吃，好吃！吃罢一个油饼，还会意犹未尽地舔舔手指。

那时候，家里人多面少油少，油饼炸出来一人只能吃一个，剩下的，母亲要送给村子里的左邻右舍品尝。

后来，这一幕幕画面，经常在我的脑海里回放，唤醒我的食欲。

都市里也可以买到馒头、面条和油饼，但它们太过白皙，加入了好些化学元素。加上没有了对食物的强烈期盼，总觉得吃起来没有小时候的面食清香，不地道，不够味，不攒劲。

大学毕业后，我落脚城市，和一粒麦子一样，扎根、分蘖、起身、出苗、拔节、抽穗、开花、灌浆……在季节的更替里，享受着成长的快乐，也承受着成长的阵痛。

这个初春的周末，当我驱车来到城郊，看到绿油油的麦田时，思绪，呼啦啦生出翅膀，带我飞回童年，和麦浪、打碗花、荠荠菜们握手言欢。"老槐苍苍嫩槐绿，小麦青青大麦黄"，"樵归野烧孤烟尽，牛卧春犁小麦低"，诗里的画卷连同曾经熟悉的场景，一齐迎面扑来，眼睛瞬间湿润。

心，开始热热地扑通跳，和麦苗一样，怀了满满向上的心思。

（本文原载《人民日报·大地副刊》2019 年 3 月 13 日）

# 执拗的牛蒡

秋末去秦岭看红叶，下山之际，裤脚上多了几粒不速之客。摘下来细瞧，见圆圆的球体上，布满了长长的钩刺。不是苍耳，是牛蒡。

牛蒡真了不起，不知不觉间，就让我免费给它当了一回搬运工。

在牛蒡开始走上餐桌、爬上我的裤腿前，我很少在意它的存在。

粗枝大叶的牛蒡，在乡野这里一片、那里一堆。路边、田埂、荒地以及中国广袤山区的版图上，都有它自生自灭的身影。

粗壮的茎，一两米的个头加上粗大毛糙的叶子，牛蒡，就像它的名字一样，显得"人高马大"，和美丽、优雅似乎都不沾边。

它也开花，6、7月间，紫红色的管状花，从布满软骨质钩刺的"罐子"里伸出头来，一派谨小慎微的模样，不舒展也不俊俏。莎士比亚就不喜欢牛蒡，说它缺姿少色，叶子阔软，果实黏性十足。

也有钟情牛蒡的文豪，托尔斯泰眼里的牛蒡，就大有深意，他甚至给予牛蒡深情的赞美。

托翁在《哈吉穆拉特》这本小说情节展开前，写了一段"引言"，大意是：仲夏时节，他被沟里一朵红得可爱的盛开的牛蒡花吸引，劳神费力地折到手，却毁灭了它存在的"美"。在托尔斯泰与它长达5分钟的持久战中，牛蒡表现出了顽强、独立的抗争精神；在另一条路

上，牛蒡虽然被车子碾压过，却坚韧地抬起了头。

托翁的意思很明了：牛蒡的生命力，如少数民族英雄的意志一样，可以被毁灭、被杀戮，但始终不曾屈服。

在西方，和托翁的观点相近，一些画家在牛蒡的身上，也发现了能展现大自然的高贵的精神。英国擅长画马的绘画大师乔治·斯塔布斯，他笔下的《马与狮子》让人印象深刻。那匹奔马突然间发现了狮子，惊恐后退的一瞬，它的蹄前，出现了一株葳蕤的牛蒡。占据画面三分之一的牛蒡，对整幅画的动态，起到了积极的平衡与反衬作用。牛蒡轮廓鲜明，安静从容，感觉无比优雅。

在艺术之外，牛蒡对人类的奉献，得益于它像罐子一样布满钩刺的苞片。牛蒡，仰仗苞片上"粗野"的钩刺，攀爬在动物皮毛上，从家乡俄罗斯出发，足迹遍布了大半个地球。一兜兜罐状的果实，一路高举着尖尖的钩刺，到处都能够看到它们凌厉的进攻姿态。

在乡下的夕阳中，我曾经看见过牛蒡"傍"在牛羊的尾巴上，可怜那牛羊，将尾巴甩过来、甩过去，却怎么也甩不掉牛蒡的"缠绵"。

同样是看见牛蒡"傍"在动物皮毛上，有人就多了一份思索和行动，然后发明了尼龙搭扣，这大概就是发明家和普通人的区别。这位发明家是瑞士人，名叫乔治·德梅斯特拉尔。

其时，该发明家对纽扣无比关注却又无可奈何。因为妻子每次外出赴宴前，都要让他帮忙，帮她将后背上裙子的挂钩和钩眼扣在一起。这在乔治眼里，是一项非常艰巨的任务，常常不是"走错门"就是没扣上，这让他无比气馁。

一次，乔治带狗去户外散步，回到家，他发现自己的裤腿和狗身上都粘满了草籽。这草籽非同一般，牢牢地粘在狗毛上，需要下一番

工夫，才能把它们扒拉下来。乔治一边无比耐心地摘取草籽，一边启动发明家的思维，仔细观察。乔治发现草籽上长着无数带钩的刺，这些刺，从不同方向紧紧地钩挂在狗毛中间。

钩刺和皮毛，当这两个概念在乔治的脑海中发生碰撞时，我们的生活中，开始多了一个好帮手——尼龙搭扣。

尼龙搭扣的一面，"站立"着一根根不同方向的小钩刺，扮演着牛蒡的角色；另一面，由密密麻麻的小线圈组成，自然充当着动物皮毛的角色。两面相遇时，钩刺牢牢钩住了小线圈。

从此，左缠右绕、令人头疼不已的球鞋鞋带，书包、背包上易坏的拉链等，逐渐被容易打理的尼龙搭扣取代——它完全是人工制造，却完美地融入了牛蒡的智慧。

至于这种植物的名字——牛蒡，估计初次接触这两字的人大都一头雾水，它，是植物还是动物？或者，只是牛身上的某个器官？

名字的来源，有个传说。

话说古代有一姓旁的农夫，他的母亲体弱多病。一天，农夫赶牛耕地时累了，就在林下歇息，不觉间竟睡着了。他醒来时看见牛在不远处吃草。当他再次赶牛耕地时，却发现牛与之前判若两样，不仅精神多了，力气也大了不少。他想这牛的突然改变，肯定与刚才吃了什么有关。于是他决定再次休息，想看看牛究竟吃的是什么草。果然，停下来的牛直奔一种高秆阔叶的绿草，低头吃了起来。

农夫上前花气力拔下其中的一株，这草的根直溜溜的，足有1米长，外形像山药。咬一口，也不难吃，奇怪的是吃过后，自己感觉精神了多了。于是他每天拔一些草带回家，给全家人吃。母亲的病慢慢好了，全家人都变得强壮起来。农夫确信这草能治病，却不知道这草叫啥。他想自己姓旁，草是牛去吃才知道其有用的，那就叫"牛旁"吧！

据《本草名考》载：蒡，通"旁"，此处作"边、侧"讲。因为牛吃了牛蒡力气大增，牛蒡也拥有"大力子""牛菜"等别名。《本草纲目》称牛蒡"通十二经脉，洗五脏恶气"，"久服轻身耐老"。

牛蒡的这些保健作用，是近些年才被国人认识并亲身体验的。

早在一千多年前，牛蒡抵达日本后，它的养生功效即被樱花岛国人发掘了出来。他们叫牛蒡为东洋参、牛鞭菜。牛蒡还衍生出许多栽培种，日本开始广为栽种，并逐渐跃升为日本的重要蔬菜。

韩国电视连续剧《大长今》里，有卤牛蒡这道菜。好多国人正是从这道甘甜口味的小菜中，重新认识牛蒡的。

做法其实很简单。将牛蒡根茎洗净，用菜瓜布轻轻刷去表皮。切横段后再改切成粗丝。将牛蒡放入米醋水中浸泡20分钟（防止牛蒡氧化变黑），捞出后放入卤汁里，加些许果糖。卤汁煮滚后转小火炖，炖至剩下少许汤汁后撒上白芝麻，即可食用。

去韩国做自然交流时，在一家料理店里，我见到了这"烧火棍"一样的菜，只见厨师像削铅笔那样往一锅清水中削"木片"。我当时很是惊讶，因为不曾见过。有同伴说这是牛蒡，可以强身健体，瘦身养颜。哈，遇到这么有用的吃食，岂能错过？

吃罢牛蒡的第一印象是它挺有嚼头，至于味道嘛——稍微有点苦，可就是这点独特的口味，竟让我上瘾。

后来，我又喜欢上了喝牛蒡茶。它入口也有轻微的苦涩，但一口喝下去，唇齿间，会涌起莫名的甜，犹如品味岁月。

粗枝大叶的牛蒡，智慧的牛蒡，千百年来，就那么一直执拗地在阳光下舒展，在泥土里扎根。在秋冬的风中，静静等待过往的牛羊，还有，等待免费为它充当搬运工的人类……

# 我眼中的"玛卡"

　　一位从丽江旅游归来的朋友，送我一盒棕色的粉末，神秘兮兮地说："别看这盒子不大，里面的东西可是论克买的呢。这可是人体天然的'荷尔蒙发动机'，喝完，你老公会变强壮，你会变得更漂亮！"

　　"世上真有这么神奇的东西？"

　　"当然！这可是大名鼎鼎的纯天然'植物伟哥'，人称秘鲁人参。能治疗男人肾虚，能改善女人气血。"

　　看来，是我孤陋寡闻了。一通恶补资料后，不禁莞尔。一个充其量是功能性蔬菜的异国植物——玛卡（Maca），在声势浩大的炒作后，摇身一变，竟成了壮阳神药。

　　在网上列举的众多功效中，唯有"纯天然"这点，让人不容置疑。

　　玛卡，两千多年来，一直生长在秘鲁的安第斯山脉中，在海拔三四千米的高山上，经风霜，斗严寒。严酷的生存条件，练就了玛卡顽强的生命力。和它的近亲、同科兄弟圆头萝卜相比，玛卡的块状根茎瘦小皱巴，带着高寒植物特有的印记，的确不怎么像是在"温室"里长大的。

　　严酷的生境连同紫外线强烈的太阳，给玛卡涂抹上亮丽的"衣裳"，给予块根更多的色彩：淡黄色、红色、紫色、蓝色、黑色，也有绿色。

总之，海拔越高、离太阳越近，玛卡块根的颜色就越深，据说"药效"也最好。

早在哥伦布到达美洲前，当地土著人就喜欢用玛卡的鲜根加蜂蜜、兑水果汁饮用。当然，更多的时候，玛卡是作为一种蔬菜，登上秘鲁人的餐桌——可以是凉拌菜，可以和肉或其他蔬菜一起炒熟食用，也可以晒干后用水或牛奶煮食……

类似于中国人"冬食萝卜小人参"，玛卡，在当地人的眼里，也是滋补品——抗疲劳、补充体力。然而，令玛卡没想到的是，自从2002年落户中国后，自己的身价竟莫名其妙地一路暴涨——最贵时，块茎研磨的玛卡粉，以每克15元的价格出售！远远超过了人参、冬虫夏草等名贵中药材。

这千山万水跨越得值哦！在秘鲁种植了两千多年，也没人这样待见自己。显然，来到异国他乡的中国后，自己已然从当年的"村姑"荣升为"皇后"啦。

玛卡在中国的地盘迅速扩大，云南、四川、青海等高海拔地区都有了玛卡的身影。只几年间，中国就取代了其故乡秘鲁，成为玛卡的主产国，也成为世界玛卡价格的主导者。

《华尔街日报》2014年12月3日报道，大批中国买主涌进秘鲁购买玛卡。当年9月，出口到中国的玛卡价值飙升到600万美元，而2013年全年出口价值仅54万美元……

慢慢的，玛卡发现，这一切改变的原因，均来自自己的一个新头衔："植物伟哥"。有专家这样介绍：玛卡含有人体所需的多种营养元素，并有两类新植物化学成分玛卡酰胺和玛卡烯，平衡荷尔蒙，调节内分泌，提高精子数量与活跃力。

"植物伟哥"的噱头，让玛卡所向披靡、无限风光。一些人甚至为之"疯狂"，这些人不相信自己，只相信专家、相信保健品和药品。

其实，只有玛卡清楚，自己既非保健品，更非中药材。或许，在深加工后，自己可以成为保健品，但目前，自己只获得了中国国家认证的"蓝帽子"——"QS"食品认证。既然是食品，怎么能和疗效扯上关系呢？或许，玛卡不排除有"植物伟哥"的功效。但到目前为止，这项功能还非常缺乏证据支持。

食品工程博士"云无心"在果壳网"谣言粉碎机"上，发表了《玛卡能提升性功能吗？》一文，认为目前大部分的相关研究，都只是在动物身上进行实验，临床数据很少，研究质量不高。并且，一些打着玛卡旗号的壮阳产品，还可能添加某些药物成分，会带来健康隐患……

看到这里，我是不敢用健康来换美丽了。那盒玛卡粉我尝过，又苦又涩，还有点腥辣味。终于明白了当地土著为什么饮用时要加蜂蜜兑水果汁。后来，听人说喝多了还会上火，流鼻血。所以，只喝过一次，"秘鲁人参"玛卡，就被我打入"冷宫"啦。

# 4

# 秦岭岩石上的"白菜"

夏末，膝盖做了一个微创手术，术后医生给开的康复药名为"盘龙七片"，可活血化瘀，消肿止痛。很诧异这药名，读来颇感神秘，眼前似乎盘踞着一条游龙。查询资料得知，盘龙七竟是植物"秦岭岩白菜"的根，秦岭当地人干脆直接叫这种植物为盘龙七。

从资料图片上看，入药部分盘龙七，呈稍微弯曲的柱形。棕褐色的表皮上，密披棕黑色的鳞片和残叶鞘，能看见密集的"环节"，节上生有无数须根，内部肉质粉红色，主根上粗下部稍细。打眼一看，外形果真有点像传说中盘龙的样子，真佩服当地人给这种草药取名的智慧。

秦岭岩白菜我是知道的，西安植物园有位博士专门研究它，从秦岭里引种了一小片。我没见过它的根系，但它开花的样子我见过。

秦岭岩白菜的花朵，是我喜欢的类型。五枚花瓣从花心伸出，螺旋状相互交叠着绽开。粉色的花瓣，像三月的桃花，简单中透出妩媚。和桃花花叶相伴而生有所不同，秦岭岩白菜花和叶相距甚远，花是花，叶是叶。长长的花葶，从小白菜一样的绿叶中伸出来，高高举出队形整齐的花朵，组成植物学上一个别致的花序——蝎尾状聚伞花序，独特，艳丽，醒目！

秋季的号角，开启了秦岭岩白菜漫长的生殖生长期。它先是聚集

能量分化出 1—2 个聚伞花序。大约从 12 月上旬开始，花朵陆续绽开，花葶也不时冒出来，陆陆续续展开粉红娇艳的花朵，开花行为可持续到来年 3 月下旬，是很难得的冬季花卉，它因此还有个名字叫"雪里开花"。

秦岭岩白菜开花时也很自律，聚伞花序基部的花朵先行开放，渐次向端部推进。单朵花期约 15 天，遇到雨雪天气时，秦岭岩白菜会让花冠闭合起来，以保护位于花心处的花蕊。天气好转时，再让花冠重新打开。

很难理解秦岭岩白菜为什么要将花期设定在冬季。冬季里，秦岭的温度很低，它的传粉"媒人"大部分都畏手缩脚，大门不出二门不迈。秦岭岩白菜能做的，只有将花期尽可能地拉长，以期在遇到大太阳、温度稍高的好天气里，中华蜜蜂、回条蜂、长尾管蚜蝇等耐寒的"媒婆"，能够前来光临宠幸。

看到它的花期以及它如此漫长的期待，就不难理解，自然状态下，秦岭岩白菜的结实率很低，市面上也的确很少能见到其实生苗。

好在，聪明的秦岭岩白菜还备有一套无性生殖系统，它会利用粗壮的根系，在悬崖峭壁的缝隙里匍匐攀岩，然后在新的领地上，生出新苗子，开出红艳艳的花朵。所以，空间上比较相近的个体，有可能就是一株秦岭岩白菜自个儿克隆的。

和名字"盘龙七"的神秘不同，"秦岭岩白菜"一名很直观，至少能看出三重含义：道出了这种植物的故乡秦岭，道出了它的生境——悬崖峭壁（岩生），还道出了它的形态——生长期的叶子外形如一窝小白菜。秦岭草医除了称秦岭岩白菜为"盘龙七"外，也叫它"矮白菜"。

秦岭岩白菜在植物分类上的地位也不一般，它是中国特有种，也是虎耳草科、岩白菜属最原始种。岩白菜属植物，目前全世界发现有

10 种，主要分布在东南亚，我国产有 7 种，分别为：秦岭岩白菜、岩白菜、厚叶岩白菜、天全岩白菜、峨眉岩白菜、短柄岩白菜、舌岩白菜。秦岭山中仅有秦岭岩白菜一种，主要生长在海拔 1 500 ～ 2 800 米间的石岩缝隙或岩石的边缘。

　　大概是没开花的秦岭岩白菜太像小白菜或者小青菜了，最初，秦岭草医看见它就直接塞进了嘴里。生嚼"小白菜"的口感并不好，微苦，发涩，草医却因此发现了它神奇的药效：鲜叶嚼烂，外敷包扎后，可以止血止痛，抗菌消炎。近年来的临床实验还证明，秦岭岩白菜在治疗风湿性关节炎、慢性气管炎方面有一定的疗效，还能增强免疫功能。我左腿膝盖的康复，也有秦岭岩白菜的功劳。

　　不止是秦岭岩白菜，岩白菜属的植物都可以入药。翻开古籍，清代《植物名实图考》就有记载：岩白菜生山石有溜处，铺生如白菜，面绿背黄，治吐血有效。《分类草药性》说它"治一切内伤，化痰止咳，吐血、气喘、淋症"；《峨眉药植》说它用于"治头晕虚弱"；《四川中药志》谓岩白菜"滋补强壮，止血、止咳。治肝脾虚弱，劳伤吐血，内伤咯血，肺病咳喘，妇女白带及男子淋浊；外敷无名肿毒"。《四川中药志》同时提醒"虚弱人有外感发热者慎用"。

　　在发明秦岭岩白菜药食同源的妙方里，没有人比陕西及峨眉山区的当地人做得更好。他们对岩白菜了如指掌，把它当作哮喘病人的常备草药——用干货或者新鲜植株的根茎与肉类一起煲汤炖煮，不仅美味，还可治疗哮喘和干咳；也有人家取岩白菜的叶片，洗净切碎加入鸡蛋中炒食，取其清凉败火，治疗各种口舌生疮、痔疮及消炎止痛之功效；福建茶商用岩白菜的嫩叶炒制的茶叶，回甘生津……

　　现代医学发现，岩白菜属植物的药效，源于它们体内共同存在的

一种化学物质——岩白菜素。这种物质主要是通过调节谷胱甘肽和抑制自由基的释放来保护肝脏。岩白菜素有明显的祛痰作用，其作用强度与同等剂量的桔梗相当。此外，岩白菜素还是目前治疗慢性支气管炎、肺气肿、肺心病、支气管哮喘等呼吸系统疾病的特效药物，市场需求量巨大，深受药物学家的青睐。

正因如此，野生岩白菜资源在 20 世纪 80 年代中后期就开始萎缩，到 90 年代中期，资源已濒于枯竭。

秦岭岩白菜也存在过度采挖的问题，现已被列入国家珍稀濒危保护植物。十几年前，在秦岭海拔 500 米左右，很容易看到秦岭岩白菜的身影。近些年，随着秦岭旅游业的开发以及其药用价值被人们知晓，采挖现象疯狂而无节制，秦岭岩白菜的生境逐渐被破坏，海拔 1 500 米以下，几乎已经绝迹了！

一种植物，一旦与人的欲求挂钩，很快便走到危险的边缘。

好在，也有人悄悄地关注、研究和迁地保护着秦岭岩白菜。陕西省西安植物园和一些外地的科研院所也都投入到挽救和开发秦岭岩白菜的工作中。有着硕大绿叶和粉色俏丽花朵的秦岭岩白菜，会在春节前开放，花期长达一两个月，这些资质都表明，它是绿化美化庭院和城市林下绿化难得的材料。

上海市园林科研所曾经从秦岭引种繁育了一批秦岭岩白菜，它们已经在上海街头绽放出了玲珑可爱的花朵，点点粉色，装点了上海冬天的街景。

秦岭岩白菜属于秦岭，也属于中国，属于世界。我期待在更多更远的地方，看见它们摇曳生姿的身影。

# 5

# "掌"上明珠

夏末秋初去秦岭游玩，我见到了一种名为叶上花（也叫叶上珠）的小灌木。这灌木比我高点，树冠高约2米。

大部分花儿已谢，一些果实开始泛出黑莹莹的光泽。奇妙的是，这些花果，不是长在枝（茎）上，也不是长在树干上，而是长在一片片叶子上面，玲珑又别致。

残存的黄绿色小花，不甚起眼，倒是黑珍珠般的果实，三个一团，两个一对，或单独点缀在翠亮的叶面上，闪耀着温润的色泽，像是被叶子捧在掌心里，亦如荷盘托珠，妙不可言，让我驻足良久。这别出心裁的长相，多么像童话中的美玉和珠宝。这么想时，心里眼里便充满了感叹和赞美。大自然在草木上凸现的奇思妙想，真让人着迷。

走到跟前细看，我发现叶子上从茎到果子着生处这一段的叶脉明显粗壮很多，并且是两条粘合在一起的，也就是说，叶脉与花柄（后来叫果柄），在叶脉处合二为一，看上去就像是花果从叶片上生出来一样。所以，当初的花和现在的果实，其实并不是从叶子上直接分化出来的，它真正的出处，依然是茎。这是它在节省生长成本，是草木智慧的显现。

据一同进山的植物专家讲，俗名叶上花的植物，分为大叶上花和

小叶上花。小叶上花的花朵更小，小到几乎要用放大镜才能看清楚它的花瓣。小叶上花的花朵是淡红色的，远看与叶片相混，花叶难分。大小叶上花，均能正常结果，种子也能成功繁衍后代。

　　我们看到的是大叶上花，是山茱萸科青荚叶属植物。虽然名叫大叶上花，花果也不过黄豆大小，果子先绿后紫再黑。不只是大叶上花，青荚叶属的所有植物，花果都长在叶子上，1~3朵花或者1~3个小果簇生生长。花梗非常短，待到结果时，基本上看不到果梗，就形成了奇妙的"叶上珠"现象，人称"掌上明珠"。

　　为行文方便，后文将山茱萸科青荚叶属植物笼统称为青荚叶。专家说青荚叶的根部膨大，有点像白萝卜，可惜，这次我们没有机会看到。

　　想起曾经看到过日本插花大师川濑敏郎的一幅作品，大气，简约，有禅意。一枝长长的青荚叶枝条，斜插在圆肚细茎的花瓶里，自然弯

曲的枝条上，顶出五片绿叶，其中的两片绿叶，似两个手掌，掌心各托出两粒黑珍珠一样的果实。作品上部简洁的叶果与下部青色的花瓶呼应，呈现出生命崇高的姿态，美好而精致。川濑敏郎用感官上最干净简约的方式，阐释了生命本质的元素。在"空"与"寂"中，让人思索，给人启迪，这就是所谓的花道吧。

青荚叶不仅外形别致，常引人驻足思索，它对于人的帮助，也是实实在在的——可以全株入药。据《陕西中草药》记载，青荚叶清热解毒，消肿止痛。外用可以治疗烫伤、无名肿毒、刀伤和蛇咬伤等病痛。味苦、微涩、凉。陕西人称之为"小通草"。

全世界的绿色开花植物有二三十万种，大多数花果都长在枝干上，这青荚叶别出心裁，把花果长在叶面上，是出于什么考虑的呢？

细究之下，觉得这正是青荚叶的生存智慧。一来，在开花期利于传播花粉。因为青荚叶属植物的花朵细小，又缺乏艳丽的色彩，小花如果着生在叶腋部位，很容易淹没在芸芸绿叶中，自然吸引不来传粉昆虫。小小花朵从叶腋移步到叶面上开花，别看迈出这一小步，对于青荚叶的意义却是迈出了一大步。这里空间开阔，很容易被周围的小昆虫发现，再也不愁没有传粉媒人光顾了。二来，花柄果柄和叶脉合在一起生长，牢固性空前加强，借此足以从容抵御大风和暴雨等不良状况的胁迫。

适者生存，经过长期的自然选择与淘汰，青荚叶便认准了这种奇妙的着生方式。植物界选择在叶面上开花结果的植物，除了青荚叶属植物外，常见的，还有百步。

# 6

# 虎杖的虎性

多年前，我在植物园药用植物区为学生讲解蓼科植物虎杖，那时候还不知道，这个其貌不扬的乡土植物大个子草，已经让英国人谈"虎"色变。

虎杖的故乡在东亚，秦岭也是它的原产地之一。

19世纪中期，当第一株虎杖从日本漂洋过海落户英国时，它很快发现，这里四季温和的海洋性气候，即刻唤醒了体内狂野的"虎性"——没有了故乡冬季低温的遏制和天敌害虫的侵袭，每时每刻都可以伸胳膊伸腿，并且想怎么伸，就怎么伸。

钻出地面后，一个月可以蹿高1米，最终可以长到8米高！呵呵，8米，这可是它做梦都想不到的身高！能够像一棵大树那样俯瞰众生，那种感觉似乎非常美妙，这和故乡2米的身高简直不可同日而语。布满紫红色斑点的茎秆上，从稍显膨大的关节处伸出的绿叶，葳蕤蓬勃。

一棵草，看上去就像一大丛红绿相间刚劲的"铁丝网"。

"胳膊"如此给力，"腿脚"也像是吃了"激素"。它那横走的地下根茎，在这里有了极强的穿透力，可以从水泥板、沥青路或者砖缝中钻出来，并且依靠其强壮的根系把裂缝撑大。仿佛压抑了几世的憋屈终于可以释放，浑身上下有着使不完的劲。

将身边的植物挤出领地，在虎杖眼里，就是小菜一碟。建筑物遭遇它也变得战战兢兢。

虎杖的根系超级庞大，既可以横"跑"7米，也可以竖"跳"5米以上，很难清理干净。深藏的根系，能在土壤中潜伏十年，遇到合适的机会，又会"杖"根走天涯。

以观赏植物引入的一株草，很快成为英国境内不折不扣的入侵植物。脱离了约束的虎杖，攻城略地，势如猛虎。英国莱斯特大学的生物学家认为，虎杖是世界上最大的雌性群体——它的繁殖力，无可匹敌！

从此，如何将虎杖清理出自己的家园，让英国人伤透了脑筋。仅在2003年，英国政府就投入了15.6亿英镑用于清除虎杖，但收效甚微。这些年，欧美地区的法律中，已经明确列出严禁在野外种植虎杖，一旦发现，将面临牢狱之灾。

虎杖，不仅改写了一些国家的法律，而且殃及平民。

英国《每日电讯报》2014年3月31日报道，一名叫麦克雷的英国男子偏执成狂，因过度忧虑自家遭到虎杖的"入侵"，竟然杀死妻子，然后自杀。

麦克雷在遗书中写道："我觉得自己并不是邪恶的人，但虎杖从罗利·雷吉斯高尔夫球场翻墙蔓延至我家，使我的头脑失去平衡……绝望到这样一个地步，今天我杀死她（意指妻子），因为我不希望自杀后让她没有收入却独自过活。"

演绎到如此地步，虎杖也委实令人发指。然而，发生的这一切，都是虎杖的过错吗？

在故乡东亚，包括我所熟悉的虎杖，都普普通通，就是一种个子

高点儿的草，冬枯夏荣，安分守己，像个严于律己的孩子。管束它的，有冬季的严寒，还有一种名叫木虱的吸汁昆虫。

木虱不会直接吃掉虎杖，而是像蚜虫那样吸吮它的汁液。木虱一旦发现食源，吃喝拉撒睡，就全部集中在虎杖身上，以此为家，大肆繁殖，虎杖的活力乃至身高因此套上了"枷锁"。

了解了虎杖的生态习性后，英国政府开始允许用木虱来控制虎杖。从2011年开始，数以百万的木虱受邀前往英国，和虎杖开战。

然而，引入外来物种帮助人类攻打入侵物种的后果，会不会是引虎驱狼，现在还很难说。

澳大利亚1935年引进两栖动物甘蔗蟾蜍，原想控制当地一种吃甘蔗的甲虫。但引进后科学家发现，这种蟾蜍不仅吃甲虫，而且吞食其他种类的小动物，且数目惊人。还有，木虱，并不总是对环境有利，一种木虱在1998年混进柑橘产业非常发达的佛罗里达，就传播了柑橘黄龙病(HLB)……

基于此，英国环境研究组织正在进行多种试验，确定木虱是否还吃虎杖以外的植物，以确保这种昆虫只对目标植物有效。

这是一场漫长而充满未知的战争，昆虫与植物、人与动植物、动植物与生态等等的关系，都需要认真思考和研究。

达尔文说，人不能真正产生可变性。

当人类失却谦逊想要随意改变物种的习性为自己服务时，植物内部的飓风，便化作变性的虎杖，给人当头一顿猛击。

# 7

# 玉米熟了

当大雁排成人字队形飞往南方的时候，大片大片的玉米挥舞衣袖，和头顶经过的候鸟惜别，不时露出黄叶间粗壮的玉米棒子。秋分一过，日子见天缩短，藏匿在苞叶里的玉米粒，听到号令般日日饱满瓷实起来。怀抱籽粒的玉米秆犹如秒针，向丰收嘀嗒行进。剥开层层苞衣，当指甲盖无法在玉米粒上留下印痕时，润玉一样的粟米就成熟了。纯白、金黄或紫红的玉米粒，颗颗莹润如玉，闪耀出宝石般的色泽。

在我的家乡渭北旱塬上，玉米被叫作玉麦，是主粮小麦之外的第二大农作物。单从名字上看，玉麦，即是外表如玉的麦子。看到谢应芳的"远客相过说帝都，黄金如玉米如珠"时，不禁莞尔。谷雨后，一粒粒玉米种子被播进土里，犹如婴儿进入母亲的子宫，不久，即开启长达半年的生命律动：萌发、扎根、出苗、拔节、抽雄、吐丝、灌浆、成熟。

我经历过好几茬玉米的生命旅程。

20世纪70年代，每家的自留地少，粮食总是捉襟见肘。有限的土地上，乡亲们只愿意种主粮小麦，然而小麦连作几年后，土壤板结，肥力也会下降，这时需要用玉米倒茬以改良土壤。渭北旱塬冬季漫长

寒冷，冬小麦的成熟期长，麦收后再种下玉米，来不及成熟天就冷了。所以，若是一块田地决定种玉米的话，这块地，必定要经历一个长长的空窗期。地的空窗期对乡亲来说是不得已而为之，可地分明是开心的，从先一年麦收结束，到来年的谷雨播种之间，都是地养精蓄锐的日子。一旦获悉自家地里将要种玉米时，我也是开心的，终于要有甜秆秆吃，也有玉米棒儿解馋了。

刚钻出泥土的玉米苗细细嫩嫩的，春风一吹，浅绿色的子叶左一片右一片地舒展开来，像一双双绿色的眼睛，开始打量世界。嫩茎虽短，却有着无穷的力量。几天不见，再去地里时，就会发现，玉米的个头蹿高了，叶片长大了增多了，颜色变翠绿了，该间苗了……周末或放学后，我和家人一起进入玉米地，把多余的苗子拔掉，顺带着拔掉地里的杂草。

清理门户后的玉米，开始撒着欢儿地长，一天一个样。站立田间，能听到玉米拔节的声响。一个多月后，玉米的身高就超过了我。单株玉米亭亭玉立，叶片修长，随风而舞，遇雨而歌，一副俊俏模样。一阵风过，地里的叶子开始刷啦啦彼此交谈，像小桥流水，汇聚成声音的波澜，回旋在村庄上空，萦绕在我们的耳畔。

还有更美妙的。

进入 7 月后，玉米开始抽雄吐丝。玉米头顶抽出的穗状花序，村里人叫它天花，是雄花，充当植株体上的男性角色，任务是抛洒花粉。每个雄穗能提供大约四百万粒花粉，是一个浩瀚的家族。在大约一周的传粉时间里，漫天飞舞着神秘的花粉，张扬而热烈。天花一名，恰如其分。即便是完成了授粉仪式，雄花穗头依旧挺立，招展如旗帜。

天花抽雄后两三天，玉米叶腋处幼小的棒子顶端，会抽出无数根花丝，这花丝柔顺光亮，绿中透黄，太阳一晒，晕染出嫩嫩的粉红，像洋人美女婀娜的秀发，在风中飘来荡去，展脱顺溜，我们称它为玉米缨子。这缨子，便是玉米花，是植株体上的女性角色。玉米花，是我见过的为数不多的奉行极简主义的花朵，它摒弃了花瓣和艳丽的色彩，因为它不需要以此招蜂引蝶。花丝作为玉米花朵的柱头，只需用花丝上的绒毛和黏液，接受天花花粉，足矣。

　　7 月的天空下，天花在风中摇头晃脑，漫天洒下淡黄色薄雾般的花粉。花丝一旦接受花粉，便会悸动般突然蜷曲，神奇的新生命在花丝的另一端着床。也就是说，一根花丝，一旦接受花粉，就会孕育出一粒玉米。哪根花丝贪玩错过了花粉，那么，将来的玉米棒子上，就会缺少一粒，出现一个空隙。长得稀稀拉拉的玉米棒子，您一定见过，这样的棒子，就是花丝授粉不充分的产儿。

　　花丝，也只有遇到花粉，才会戛然停止生长。那些一个劲伸长的花丝，一定是没能授粉的，是无比寂寞的。这种情况无端地叫人着急，却也无能无力——花开后遭遇了连日阴雨，或者抽丝太晚错过了传粉期。

　　那些最终没能授粉结实的玉米秆，在玉米看来是终生遗憾的，但在孩子们的眼里，却是难得的口福，它堪比甘蔗。尽管甜秆的出产率很小，丰年里一亩地大概有六七株的样子，但甜秆的存在，分明是大地提前犒劳孩子的礼物。没有授粉的茎秆内营养不分流给果穗，在太阳的参与下，转化成果糖储存起来。一旦玉米秆黄中泛红，就被大人咔嚓一声折断，然后在我们咔嚓咔嚓的咀嚼声里，化为一堆没有汁水的碎渣渣。多年后，每当我吃甘蔗时，思绪总忍不住飞回那片青纱帐，

想起当年咀嚼甜秆秆的场景。

　　玉米着床孕育的时候，村庄是闲适的，空气里飘浮着无数花粉，浓得化不开的甜味儿，氤氲在田地上空。傍晚的空气里，多了袅袅的炊烟，杂有嘹亮的秦腔回旋。走过玉米地，大人们看到蜷缩起来的玉米缨子时，会说：不到一个月，你们就有玉米棒儿吃了。

　　其实，嫩玉米棒儿我们当年吃不了几个，不是不想吃，而是大人们舍不得让我们把它们当零食吃。这些玉米棒儿，是一家人一个冬天一早一晚的玉米糁子，是弥补主粮不足的粑粑馍。

　　当9月的阳光为大地涂上赭石色时，玉米也用一尺多长的棒子，交出了沉甸甸的作业。大大小小的玉米棒，被乡亲从玉米秆上掰下，运回家后帮棒子脱下苞衣，再将反转身体的苞衣编织成大粗辫子。泛着太阳色泽的玉米，就整整齐齐地码在了辫子两侧。之后，玉米辫子爬上树的枝丫，爬到了房檐下，爬到专门搭起的木头架子上，晾晒。这个时候，在村里随便走走，说不定就会看到玉米燃起的黄色火焰，俨然浪漫的乡村艺术品。

　　新玉米粒归仓后，玉米糁子和粑粑馍几乎充斥了一日三餐。吃多了，便不觉得香。我们最盼望的吃食，是爆米花。当村头响起悠长的吆喝：爆——米——花，爆米花哎——，母亲定会给我盛上一茶缸玉米，我再带上零钱和一个洋瓷脸盆，一溜小跑抵达村口的老槐树下。

　　爆米花摊子前已经排了一溜儿盆子。那位肌肤像黑炭一样的老汉也已生起了盆火，他一手转动着火焰上鱼雷一样的爆米花机，一手拉着风箱给火助燃，玉米粒在铸铁罐子里哗啦啦、哗啦啦滚动。七八分钟的光景，罐子里的声响没了，老人看了看机子上的气压表盘后，熄火。他取下中间大两头小的罐子，支在一个专用的架子上，又用一个黑色

厚重的袋子，套在罐子的另一端。只见他用一只脚猛力一踩，"嘭——"的一声巨响，地动山摇，爆米花一下子冲进长长的袋子里，隔了厚袋子，都能看到里面海浪般的涌动。白烟过后，打开袋子，黄灿灿、甜丝丝、香喷喷的爆米花味扑面而来，边上的一圈人使劲地吸鼻子，唯恐错过这难得的美味。

一茶缸玉米，爆成米花后可盛满一洋瓷脸盆。尽管体积庞大，但也不经吃。我们家姊妹们多，一人最多分高高一茶缸。我拿着分得的爆米花，舍不得一下子吃完，丢一粒进嘴里，等它慢慢化掉。因为，爆爆米花的师傅并不常来村子，即便是过一阵子又来了，我妈会说，你们今年已经吃过了，留下的玉米，还要当饭吃呢……

今晚，我和女儿看电影前要了一桶爆米花、一杯可乐。这米花也是由玉米爆制的，只是，从长方形玻璃仪器里流出来的爆米花，吃到嘴里，多了某些味道，却似乎少了某种滋味。少了些什么呢？

记忆，沿着爆米花，瞬间飞到那个令地动山摇的"鱼雷"罐子上，飞回童年的青纱帐，栖息在黄澄澄的玉米棒儿上，蔓延成金色。

（本文原载《人民日报·大地副刊》2019年8月21日，标题为《丰收如玉》）

# 粉黛乱子草

翻朋友圈，被几张粉色图片瞬间"圈粉"，翻来覆去看了好几遍。

那是一大片由植物织就的粉色，宛若坠落人间的晚霞，也像层叠的粉红纱巾，轻笼田野，缠绕在水畔。梦幻，唯美，似乎还有一丝丝惆怅。满天星一样细小的花穗，听到号令般，顺溜地一起飘向左侧，又一起荡向右侧，那是吹过它们的风儿的形状。

印象中，秋天是金黄色，金黄的玉米棒子，一层层码成金字塔；秋天是橘红色，橘红的柿子，串成线，连成片；秋天，也是枯黄的颜色，秋虫敛声，落叶遍地。

可眼前的秋色，分明是粉红色。秋天，原来也可以是粉红色的啊！

忍不住留言询问：是哪里？这么美。朋友答曰：大明宫太液池畔。少倾，又加一句：特别值得去，不过要快，只怕一场雨就没啦。

是啊，世间美好的东西，大都是易碎的，稍纵即逝，要惜时，要珍惜。

也正因了这句话，我决定不去。我怕自己去了就忍不住和它们亲密接触，怕这种令人心醉的美，会葬身于我的鞋底，就让它们继续和秋风一起琴瑟和鸣吧。

图片上的植物，我认识，名叫粉黛乱子草。在看到这些图片前，

这种植物，和它的兄弟姐妹一样，是禾本科乱子草属家族里的一员，除了花序是粉紫色外，没什么特别。我们植物园里就有粉黛乱子草，它单株站在一丛丛禾本科植物中间，势单力薄，感觉不到有多出色。虽身着粉装，却经常被粗枝大叶的白花芦荻抢了风头。

当粉黛乱子草连成片聚在一起，嗬，真让我惊艳！它们身上的颜色因群居而叠加，魅力也叠加了，灵动娟秀，相伴成景。我想，那一片粉红里，一定有属于它们的轻声细语，也有它们的叹息。风和日丽或者劲风急雨时，这一层粉烟里，一定上演着或甜蜜或苦涩的戏剧。

只是，大部分人有所不知，网红草让人惊诧的秀美，要用一年的寂寞和努力换取。

在泥土里扎根，在寒冬蓄好养分，春天萌芽长高，夏季苦练三伏，耐水耐旱耐盐碱，只有当秋风赶来时，它们才露出粉扑扑的笑脸。"三千粉黛，十二阑干，一片云头"。

看见它们，会联想到普罗旺斯如烟的薰衣草，会想起童年，会想起一个丁香般结着愁怨的姑娘，想起许多往事。

从小迷恋粉色，然而童年时我家日子清寒，女孩子迷恋的粉色围巾、手套和衣裙，于我，都是遥远的梦。是田野上的打碗花，满足了我对于粉色的念想。

那时候，我常在周末去地里拔猪草。用小铲子从麦苗身边请出杂草嫩刺棘、蒲公英、人罕菜，抖抖手，甩甩土，草们就换了空间。当这些猪的"口粮"一棵棵填满我的草笼后，我会选一片开满打碗花的草地，蹲下来，用打碗花的花茎开始编花环。

打碗花的茎蔓纤长，韧性好，非常适合编织。采一大把绽开两三

朵花的茎蔓，分成三股，像编麻花辫那样在田野上开启"女红"，粉色的打碗花便扭动着从麻花辫的一个面伸出来，疏密有致。花环编好后郑重地戴在头顶，像完成一个仪式。再给辫子里、衣兜上也插满鲜花，然后，把自己想象成花仙子，在田野里奔跑、跳跃、飞翔。

上中学时，我的一篇作文获奖，奖品，是一个粉色塑料封皮的日记本，光洁细腻甜美。那是我年少时拥有的第一个粉色物件，爱得欢天喜地，每天都要拿出来摩挲一番，写下文字与之交流。这本日记，装载了我中学时的所有甜蜜和忧伤。

长大了，终于可以买自己想要的东西时，却早已过了穿戴粉色的年龄。好在，我女儿也喜欢粉色。于是，她小时候的衣服帽子鞋子乃至房间，无一例外的，都是粉色。置身粉红世界的她，梦中露出的微笑，也是粉色的。

那年我过生日，收到女儿用零花钱买的粉色丝巾。打开礼物后，有一丝愣神，这是我像她这么大的时候心心念念的东西啊。时光飞逝，曾经那么年轻，转眼物是人非。用手指触摸细滑的丝巾，我看见生日卡上女儿稚嫩的笔迹："祝妈妈永远美丽温柔。"不禁莞尔，除了爱，这世间没有永远。

绒绒是我念初中时的同桌，那时，她的皮肤白嫩得能掐出水来，和陌生人一说话就脸红。绒绒脸红的时候真美，白里透红，像一朵粉红的打碗花。绒绒家贫，初中没读完就辍学回家，我上高中的时候听说她已经嫁人了。去年回老家，在一场婚宴上我碰到了绒绒，她的身材和五官倒没怎么变，最大的变化是脸色，黑里透红，毛孔粗大，再也看不出当年的粉嫩了。我惊喜地抓住她的手，唤她的名字。她愣怔了片刻，低低叫了一声我的小名，便使劲抽出自己的手，低下头局促

地不知道把手放到何处。她的手，粗糙如砂纸。我听到心中有玻璃碎裂的声音，花瓣片片凋零……

"夏天夏天悄悄过去，留下小秘密，压心底，压心底，不能告诉你……"CD 中流泻出歌曲《粉红色的回忆》，旋律轻快，却让我听得莫名伤感。

回忆，是一株粉黛乱子草，那些关于粉色的记忆，是草茎上细小的果穗，晃动着粉红的甜蜜，也晃动着无奈和萧瑟，一如这种草的名字。

# 苜蓿菜疙瘩

当苜蓿菜疙瘩的清香，伴着油熟辣子的气味钻进鼻孔，大片绿茵茵的苜蓿地，便从西安银泰城里的袁家村，一直铺展到故乡的田野。

开春，渭北旱塬永寿田地里的苜蓿，被一阵暖过一阵的东南风唤醒。豆瓣大小圆圆的叶子，开始一点点从毛茸茸的茎秆里钻出来，汪着一团绿水。三出小叶左一片、右一片，上一片、下一片，撒着欢地长。不几日，原本光秃秃的黄土地上，便覆满一层嫩绿的苜蓿叶儿。一阵风过，成千上万片小圆叶，顺溜地一起向左摇，又向右摆，露出星星点点的银色叶背。

这个时候，圪蹴在苜蓿地畔，半支烟的工夫，就能掐满满一蒲篮的嫩苜蓿。一大蓬一大蓬苜蓿叶，在地里拥挤着，等了很久的样子。母亲一伸手，它们就到母亲的手心里了，不像是母亲把它们掐下来的，倒像是它们自己一下子蹿进了母亲的手里。

几乎不用怎么淘洗，刚刚来到世间的苜蓿叶儿，干干净净，能看清叶子上纤细的平行脉络。苜蓿吃阳光，喝雨水，它们的生活方式简单纯粹。因此，母亲淘洗过嫩苜蓿的水，也干干净净，能照出人影儿。

母亲一手摁住刀头，一手紧握刀柄，在案板上铺开的苜蓿叶子间

像轧扇面那样，嚓嚓嚓嚓，从上轧到下，再嚓嚓嚓嚓，从下轧到上。这阵叮叮当当的轧切礼过后，嫩绿的苜蓿茎叶便没了形状，成了一堆大小整齐划一的苜蓿粒。

苜蓿粒被母亲收入面盆，撒完盐和调好面后，开始一层一层地撒面粉，一边撒一边搅、搓、揉、抖。母亲的这一连串动作，像清晨迎面扑来的雨雾，也像夜晚散落涝池的星星，自然又从容。

玩过家家时，我曾经用草叶、水和细面面土，很仔细地模仿过母亲的这套动作，可是总也不得窍，土面儿和草叶，怎么也不愿意亲密拥抱。土面水要么稀得沿叶子溜掉，要么稠得结成一粒粒疙瘩。

儿时的记忆中，母亲做的苜蓿菜疙瘩，干、湿、软、硬，总是拿捏得恰到好处。她常常一边做一边给身旁的小观众示范：看，这麦面粉多不得，也少不得。拌多了，疙瘩菜会发硬；拌少了，又松沓沓没个形儿。最好的样子，是每一粒苜蓿上，裹着一层均匀的面粉，不多也不少，像冬天的草上霜。

嗯嗯，真像呢。穿上麦面粉衣的苜蓿粒，仍然可以看见白衣下面的绿，是粉绿。

母亲给苜蓿粒打扮停当，摊在铺了干净笼布的蒸笼上，放入大锅，开始用旺火蒸。母亲吩咐我，等蒸笼上冒出热气后开始计时，这段等待时间为20分钟。这档口，母亲开始调制酱汁——和辣子水水。这水水是给切得细碎的生姜和蒜末上，覆盖一层红艳艳的辣子面，然后烧熟了菜油，"哧啦"一声泼上去，再调入盐、醋和酱油的混合汁水。

未及出锅，苜蓿的香味就充溢在家里的角角落落，引得肚子里的馋虫伸胳膊蹬腿，肚子便发出咕咕咕的声响。整个冬天，天天吃面食

就浆水菜，着实委屈了肚子里的小馋虫。

终于开锅。不等热气散去就盛碗，拌水水。蒸熟的苜蓿菜疙瘩，要拌入和好的辣子水水一起吃才够味。

记忆中最多的情景是，菜疙瘩的清香和水水的酸辣在唇齿间还来不及激荡，一碗绿莹莹、粉嘟嘟的菜疙瘩，瞬间就囫囵下了肚，竟不知个中滋味！总要等盛了第二碗，才会慢慢品味它的筋道和绵香。

第二碗见底后，总有绿绿的苜蓿粒、红红的油花花，沾在白瓷碗边上，像一声饱嗝，那么惬意，那么舒坦……

那时候觉得，世间的美味，就是吃一碗妈妈做的苜蓿菜疙瘩。

也是从那时起，母亲味的苜蓿菜疙瘩，定格成我味蕾上无法企及的香。

后来，无论我是在宴席上吃，还是去菜市场买回嫩苜蓿自己蒸着吃，却再也吃不出记忆中的味道了。

# 月季无日不春风

　　这些天出门，能让人眼睛瞬间焕发出光彩的植物，一定是月季。纯正的大红，娇艳的鹅黄粉紫，一朵朵立于枝头，张扬，灵秀，妩媚。艳阳下，这里一片，那里一丛，像一群心无城府、结伴赶集的妙龄女子，无端地夺人眼球。

　　在所有我知道的植物名字里，月季，显得尤为普通，几乎听不出诗意。这名字，显然源于花期，月月开花，季季绽香，干脆，就叫了月季。

　　在刚刚过去的表白日"520"这天，玫瑰让朋友圈和大街小巷都明艳浪漫了起来。深深浅浅的红、橙、黄、粉等各色玫瑰，相互簇拥着在花店T台上摆出各种姿态，空气中弥漫着玫瑰花人工香水的味道，各种爱与征服的秀场，在这个时候纷纷破茧而出……

　　"玫瑰玫瑰，我爱你……"当情侣们手捧玫瑰唱这首情歌的时候，可能没想到，自己在"520"这天收到的玫瑰，其实是月季！

　　和情人节那天一样，"520"这天，市场上销售的玫瑰，在植物学家的眼里，全是各种颜色的月季，或者，是月季与各种蔷薇属植物杂交而成的"现代月季"。

　　赚得盆满钵溢的商家，把月季当玫瑰叫卖，纯属概念上的混淆。真正的玫瑰，要到每年五六月间才开花，且只开一次。虽然玫瑰的花

期就在眼下，然而，真正的玫瑰花是担当不起爱的信使的，因为，它的相貌尚不够完美。玫瑰花花瓣单薄，色彩稀少，花茎短，花茎上布满了密密麻麻的毛刺，观赏价值远不如月季。玫瑰的主要用途在于食用、制作昂贵的玫瑰精油及药用。

造成玫瑰和月季无法分清的原因，其实也不能全怪商家的有意混淆，因为它们长得实在是太像了——同科同属，另外也有翻译的问题。玫瑰、月季，甚至是蔷薇，在植物学上，都属于蔷薇科蔷薇属，翻译成英语都是 rose，在拉丁文里又都叫 rosa，就被统统翻译成玫瑰了。

当然，也有人不在乎节日收到的花是玫瑰还是月季，重要的，是它传递了一份感情。

那比玫瑰花漂亮妖娆的花多了，为什么情人节和"520"偏偏选中了玫瑰，而不是风信子、紫罗兰、牡丹、百合呢？

除了那个有名的希腊神话中爱神阿佛洛狄特的故事，迈克尔·波伦在《植物的欲望》中说，rose 之所以能够产生奇观，是因为 rose 能够一而再、再而三地改造自己，以适应人类美学和情感的需要。rose，在伊丽莎白时期，花朵敞开，热情洋溢，到了维多利亚时期，则谦和有礼地紧锁起来，变得整洁了。再看看风信子与紫罗兰们，一旦定型，就高傲地拒绝了人类的重新塑造。

这样看来，"颇有心计"的 rose，担当起人类爱情的信使，的确是物尽其用了。

在北方，除了隆冬，春夏秋三季都能看到月季花娇艳的身影。这在生物学上，是一种难能可贵的生命特征。

苏轼有诗描述月季："花落花开无间断，春来春去不相关。"能不间断开花的植物，自然界里没有几种。月季傲视季节、傲视严冬和

酷暑，把自身的美，潇潇洒洒地释放出来，似乎永远不知疲倦。在美化香化街道、小区方面，无花可与之媲美。月季因此拥有多个好听又形象的名字：四季花、月月红、月记、斗雪红、长春花，等等。

月季的皮实，还体现在它强大的生长力与繁殖力上。掐一节顶芽，嫁接到砧木上，很容易成活；剪一段枝条，扦插进花盆里或是土地里，也能生根发芽，并且当年就能开出花来。这在植物界，也是比较稀缺的品性。

在未央路和雁南五路的绿化隔离带上，都生长着一排一人高的树月季，远远的，一树树耀眼的红色，率先撞进眼里。走近，会发现整条道路，都裹在它好闻的香气里，不由人想放慢脚步。树月季，还有个别名叫高秆玫瑰，是在一个直立的砧木（通常是山木香或是粗壮的蔷薇）上，通过园艺手段——扦插、养根、育干、嫁接、修剪、整形等步骤，培育出来的一种新型月季类型。

树月季的砧木粗壮，可以吸收和储存更多的营养，所以树月季的优点很多：花朵大，花期长，花量大，色彩艳，层次分明，有独特的视觉效果。因为是人工干预，树月季可以成为人们想要的任何形状：圆球型、扇面型、瀑布型，等等，花色既可以是纯色，也可以是复色。花冠比一般月季离地面要远，故不易感染土壤里的病虫害。树干根系发达，耐寒，寿命长，单株可生长约百年以上，生命力极强。在碱性偏高的地区，普通月季难以成活，树月季可知难而上。

一种名叫巨花蔷薇（*Rosa gigantea*）的攀援性野花，如今依然静静地摇曳在我国西南地区的山野里，白色的单瓣花，散发出甜甜的茶香味。这种低调而生命力旺盛的山野蔷薇，在一定程度上，塑造了世界月季的历史。从200多年前开始，我国古人和欧美月季达人，用它

做亲本，与月季反复杂交，才有了现今形形色色的现代月季。

据传，清嘉庆十一年（1806），胡姆爵士商船将中国的月月红、月月粉等月季品种运回欧洲，抵达英吉利海峡时，英法两国正于海上交战，当得知船上载有珍贵的中国月季时，双方协议停止交火，以便让月季安全抵达约瑟芬皇后花园。后来，经过英法育种专家无数次杂交实验，终于培育出了四季开花、变化万千的"杂交香水月季（HT 系）"等月季品种，这是世界月季史上的一大飞跃。

中国月季令英法息战故事的真假暂且不表，约瑟芬皇后花园后来的确成为当时欧洲的 rose 中心，到 1814 年约瑟芬去世时，这座花园已拥有约 250 种 3 万多株珍贵的 rose。著名水彩画家皮埃尔－约瑟夫·雷杜德历经 20 多年，挨个给花园里的 rose 画像，169 枝品种齐全、色彩艳丽、质感真实的 rose，成为 200 年来传颂不衰的"玫瑰圣经"，被誉为"最优雅的学术，最美丽的研究"。

1867 年，一位法国人培育出了一种名叫"法兰西"的月季，花型优雅，茎秆挺拔，能多次开花。花瓣正面粉白，背面粉红，拥有柑橘般的馨香。"法兰西"面世后，即刻受到当时欧洲上流社会的青睐，并快速传播开来。1867 年也因此成为月季发展史上的转折点，以此为分水岭，以前的月季品种叫作古典月季，以后的则为现代月季。

我家楼下的花坛里，生长着一株漂亮的月季。这些天，娇美的花朵正层出不穷。和一般越开越淡的花朵不同，这株月季的花色由乳黄到粉再到复色，逐天变化。高心卷边的花朵，初放时为乳黄色，日晒后，绸缎般的花瓣边缘出现一抹抹樱桃红晕，花心金黄。随着时间的推移，红色逐渐沁洇扩大，待花朵全开时，花心变为乳黄，外圈为红色，成为红、黄分明的复色花朵，无香气。后来我对照月季图谱方知，这种

月季名为"荣光",是1978年面世于日本的杂交茶香大花月季。

故乡在中国的月季,至今已有2 000多年的栽培史。相传神农时代就有人把野生月季挖回家栽植,汉朝的宫廷花园里,月季是重要的观赏花卉,唐朝时月季已遍布庭院。我国记载栽培月季的文献,最早是明末翰林王象晋撰写的《二如亭群芳谱》:月季一名"长春花",一名"月月红",一名"斗雪红",一名"胜红",一名"瘦客"。灌生,处处有,人家多栽插之。青茎长蔓,叶小于蔷薇,茎与叶都有刺。花有红、白及淡红三色,逐月开放,四时不绝。花千叶厚瓣,亦蔷薇类也。

可见,在当时,月季早已是随处可见的花卉了。这比欧洲人从中国引进月季的记载,早了约160年。目前,全球已有2万多个现代月季品种,中国有52个城市将月季选为市花,月季,已是公共绿化和庭院绿化绕不开的花卉。

和每个人都有名有姓一样,在植物界,每种植物也都有一个拉丁名,也就是它的学名。拉丁名可以避免因为国籍或者俗称的不同,造成辨认植物的混乱。

拉丁名一般由"姓"和"名"两部分组成,比如Rosa,是蔷薇科蔷薇属,月季、玫瑰和蔷薇,都属于蔷薇属这个家族,所以共用Rosa一个"姓氏",区别之处,在于后者"名字"。

玫瑰学名 *Rosa rugosa*,rugosa的意思是皱叶,这是因为玫瑰的叶子上有明显的褶皱。月季的叶子平滑,没有皱纹,而且常常有光泽,所以,从叶子的外形很容易区分玫瑰和月季。从茎枝上的刺,也可以区分月季和玫瑰。月季刺是三角形皮刺,疏生;玫瑰刺是细针刺状刚毛,密生。

月季学名 *Rosa chinensis*，显而易见，这种植物原产中国。现代月季的学名是 *Rosa hybrida*，hybrida 的意思是"杂交"，意指现代月季都是由杂交选育的。蔷薇学名 *Rosa multiflora*，multiflora 的意思是多花的，野蔷薇的确花多，也叫多花蔷薇。

在月季、玫瑰和蔷薇这三种植物里，蔷薇最容易辨认，因为它是藤本。一般的，月季和玫瑰都是直立植株，不过，现在也有藤本月季，但可以从花朵的形态和开花的频率上加以区分。

玫瑰一年里只开一季，花呈扁平的盘状，一般是五六月间开花，花色紫红，有重瓣和白花的变种，很好辨认。蔷薇也只开一季，四五月份开花，花色有白、粉、黄、红色。从藤本和只开一季这两个特点，可辨认出蔷薇花。蔷薇花瓣轻薄透亮，有清香，常见的蔷薇花，有粉团蔷薇、七姐妹、十姐妹等品种。

月季，一两个月就要开上一次花，在北方，月季的花期从 4 月开始，可洋洋洒洒开到 12 月底，花色多，白、粉、各种红、黄、紫、淡绿等等，也有条纹、斑点或复色。

"只道花无十日红，此花无日不春风。"这是宋朝诗人杨万里眼里的月季花，也是我喜欢的意象。的确，月季一旦开花，便无日不是春天。

# 11

# 辣椒的哲学

这两年，辣椒是我家阳台农场里不可忽视的风景：春绽白花朵朵，秋来红椒灿然。

对我来说，辣椒，只适合作风景。那火辣辣的口感，受不了。

但我知道，有些人却无辣不欢，离开辣椒，饭菜都无法下咽。四川人"不怕辣"，湖南人"怕不辣"，江西人"辣不怕"……周作人说：五味之中，只有辣非必要，可是我所喜欢的，就是辣！

辣非必要吗？站在人的角度看，的确如此。可辣椒不这么认为，辣椒把自己长得无比辛辣，其初衷是为了抵抗真菌。但后来辣椒发现，用辣椒素对付自己不喜欢的小型哺乳动物，也蛮有用，它们尝过之后就学乖，不再咬食辣椒了，于是强化保留了这部分功能。

辣椒发现，果实被小型哺乳动物吃进肚里，种子经咀嚼消化排出后，几乎不能再发芽。而鸟类，对辣椒素不敏感，鸟的直肠子也不会对辣椒种子造成危害。鸟儿吃完辣椒后，种子被带到四面八方，还捎带了义务施肥。

很自然的，辣椒在传宗接代这件大事上，选择了讨好鸟。

但辣椒始终不明白自己要具备些什么，才能让大型哺乳动物人类，不愿意对自己张嘴。

然而，人类爱吃辣椒，继而大面积种植辣椒的做法，又赢得了辣椒的欢欣，辣椒从此敞开热情，拥抱人类。

辣椒的成分里，辣味和刺激性最强烈的，叫辣椒素（壬酸香草酰胺）。辣椒素能与人舌头上感受温度和释放疼痛信号的细胞受体结合，刺激肾上腺素分泌，使心跳加速，所以人吃罢感觉很 high；辣椒带来的痛感，促进了止痛物质阿片肽的分泌，反复接触辣椒，会使阿片肽更多地释放出来，辣感化为快感，这正是辣椒让人着迷的原因。

别怕！辣椒"不具备成瘾物质的普遍特征"（心理学家罗津）——当你吃不到辣椒的时候，你会很想吃它，但是，不吃，也不会怎么样。所以，辣椒与盐和醋一样，是一种调味品。

为何有人喜爱辣椒带来的灼热感，有人却对此无法承受？这大概和每个人辣椒素受体表达的差异有关。湖南、江西等地的嗜辣人，因为长期形成的饮食习惯，他们身上辣椒素受体的表达会少一些。加上这些地方相对炎热，人们发现，加了辣椒的食物不易让他们闹肚子。久而久之，便晋升吃辣高手。当然，真正的谜底，尚在研究中。

和人一样，辣椒的性格也千差万别。有温和的，有暴躁的，还有"魔鬼"级别的。

很简单，想了解辣椒的性格，看辣度单位 SHU 的大小就行。SHU 是史高维尔设计的一套用来评价辣味的指标。评价的方法是将 1 单位的辣椒素溶解到糖水里，然后交给数人品尝，之后逐渐增加糖水量，直到无法尝出辣味为止，此时糖水量的总和，即被测物的史高维尔辣度单位（SHU）。如今，高效液相色谱法已经能够提供更准确的测量值，但是，SHU 的单位体系依然保留了下来。

我们常吃的彩椒，它的 SHU 为 0 ~ 5，普通线辣椒为 1 万左右，

朝天椒为 3 万，印度断魂椒为 100 万，卡罗莱纳死神辣椒为 220 万，HP56 死亡株的辣度达 300 万……而民用催泪瓦斯才 200 万。

至今，还没有人能吃完一颗印度断魂椒。嗑辣视频中的参与者，咬一小口就痛苦万状，眼泪与鼻涕横流，有人甚至因呼吸衰竭而毙命。这种辣椒原本是当地居民用来防止象群闯入居民区的，它现在是军方新型生物武器的原料。

如今，全球人都想种出世上最辣的辣椒，所以，在辣椒看来，辣很必要，辣无止境。

# 五行草马齿苋

马齿苋，是我见过的最肥嫩、最顽强的小草。

在刚刚过去的夏天，我吃过一盘来自我家花盆里的马齿苋。一次去南阳台上浇水时，我发现好些绿叶红秆秆的小家伙，从弃用的花盆里爬出来，从韭菜的间隙挤出来，从燕子掌的身下钻出来。那天我浇水后，拔掉了燕子掌下和韭菜间的小苗，唯余撂荒花盆里的绿叶红秆，让它们自由生长。

一周后，直径 2 尺的大花盆，被绿叶红秆铺得满满当当。马牙般的对生小叶，四片一簇，从紫红色蚯蚓般的茎秆上伸出来，胖乎乎的，似汪着一团绿水，翠绿光亮。这些红红绿绿的小生命，每年都不请自来，率真而任性。它们，曾经是我童年最熟悉的猪草和野菜。多年后，它们从我的花盆里冒出来，想必，就是来和我的牙齿握手言欢的。

这绿叶红秆的小草，植物学名叫马齿苋，据《本草纲目》记载："其叶比并如马齿，而性滑利似苋，故名。"《本草经集注》中是这么描述马齿苋的：马齿苋，又名五行草，以其叶青，梗赤，花黄，根白，子黑也。把五行都占全了的小草，它的能耐自然是不可小觑的。

夏秋季节，田野，路边，沟坎，甚至石头缝里，都有马齿苋蚯蚓般蠕动的身影，绿叶，像蚯蚓身上长出的翅膀，带领马齿苋向四方飞翔。

贫瘠炎热，不算什么；刀砍铲挖，也无法停止它爬行的脚步。

记忆中，小时候的马齿苋更多，除了偶尔走上人类的餐桌，大部分都充当猪的餐后"点心"。有时候这种草拔多了，猪吃不完，便被扔在一边。即便是过了十天半个月，只要有一场雨淋到马齿苋身上，那些乍看已经萎蔫干枯了的茎秆，便又神奇地长出鲜嫩的叶子，焕发出勃勃生机。三五棵几天就能铺展成一大团，如果空间狭小的话，茎叶便高高地抬起身来。

掐一段马齿苋的茎叶，随便丢在土里，很容易生根发芽，继续它们蔓延的脚步。马齿苋的花朵极小，顶生，五瓣，金黄，朝展暮合。花后，极细极小的种子会被风带到任何地方。只需一把土几滴水，就会萌发，开出一片新天地。不由得感慨，这马齿苋要换作是人，可真不得了，在险象丛生的人世间，它一定能如鱼得水。

关于马齿苋耐酷暑以及抗干旱之能耐，还有一段有趣的传说——远古时代，天上有十个太阳，晒得大地上苗焦草枯，民不聊生。部落首领后羿擅长箭法，拿着射日弓一口气射下九个太阳，第十个太阳吓得东躲西藏，最后藏匿在一棵马齿苋下才躲过一劫。太阳君感动异常，为报答救命之恩，许下诺言："百草脱根皆死，尔离水土犹生。"

回到科学的话题上。马齿苋之所以耐酷暑抗干旱，一是因为马齿苋的根系粗壮发达，二是因为马齿苋红茎粗、绿叶肥，体内存储的水分和营养物质多了，抵御不良环境的时间就长。

有人选取马路边、沙地、田野、菜地、大棚五种生境的马齿苋作为实验材料，研究比较马齿苋在不同生境下生理生化代谢的部分抗性指标。结果发现，菜地里生长的马齿苋可溶性糖的含量、脯氨酸含量、过氧化氢酶的活性均最低，也就是说其抗性较弱；而马路边和沙地生

长的马齿苋过氧化物酶活性和根系活力显著高于其他生境，表明其抗性较强。由此得出结论：不同生境下的马齿苋，能够通过调节自身的生理生化代谢，来适应外界不同的环境。

记忆中，小时候我吃马齿苋的次数远没有吃灰灰菜和仁汉菜的次数多，原因是马齿苋焯水后太过滑腻，酸酸的，而且有股土腥味儿。但也有人比如我的母亲就爱吃这种味道。

那时我们家最多的吃法是凉拌。挑选鲜嫩的马齿苋，淘洗干净，将茎叶切成两三指长的小段，焯过开水，捣点蒜泥拌了，撒上五香粉、盐和辣椒面。可夹在馒头里，也可卷在煎饼里吃。

还有一种吃法是将马齿苋剁碎，拌入面粉和调料后，在平底锅里煎得两面焦黄。相较而言，我更喜欢后者。尤其是夏天，高温炎热，人没有精神，也少胃口，吃马齿苋饼，感觉特别开胃。

有营养专家专门做了量化研究。每千克马齿苋鲜品中含蛋白质23克、脂肪5克、糖30克、粗纤维78克、胡萝卜素22.3毫克、硫胺素0.3毫克、核黄素1.1毫克、维生素230毫克、钙850毫克、磷560毫克、铁15毫克，可谓营养丰富。

马齿苋作为菜蔬在我国历史悠久，杜甫的《园官送菜》里便提到了马齿苋："苦苣刺如针，马齿叶亦繁。青青嘉蔬色，埋没在中园……"传说武则天特别爱吃马齿苋做的汤或汁，用以美容养颜。唐朝时，除了宫廷，在普通官员和百姓家里，也流行用马齿苋做菜，并一致将马齿苋看作强身健体的菜蔬。"长命菜""长命苋""安乐菜""长寿菜"等别名，就是那个时期人们送给马齿苋的。

明人王磐编写的《野菜谱》，记录了52种野菜，马齿苋位列其中。《西游记》里马齿苋也作为野菜，翩然出现在餐桌上。

有些人尝不得马齿苋里的酸味儿，于是发明用青灰"盘"。盘马齿苋用的灰，一般是由秸秆或麦草烧成的草木灰。概因草木灰属于碱性物质，能中和马齿苋里的酸性物质。具体做法是用草木灰搓揉马齿苋，灰粉腌制后放到太阳下晒干，方可食用。据说盘出来的马齿苋虽然看起来灰不溜秋的，但味道好极了。

城里人吃腻了大鱼大肉后，吃一盘马齿苋，那酸酸滑滑的滋味里，有童年的酸涩，也有绵绵的乡愁。

马齿苋不单能食，更能入药，防病治病，有"天然抗生素"的美誉。

明朝李时珍把马齿苋写进《本草纲目》：以全草入药，性寒，味酸。清热，解毒，消肿，主治痢疾、疮疡等。

马齿苋消肿的疗效我深有体会。记得小时候，倘若我们身上长了疖子，或者被蜂蜇、被蚊虫叮咬，或者皮肤痒痛发炎什么的，母亲便掐一把马齿苋，将其捣烂，连汁带渣敷在患处，一两天后，肿毒痛痒就会奇迹般消退。有一位朋友腹泻，连吃三天马齿苋后病去身轻，连称神奇。

大灾之后必有大疫。唐山大地震后，时令是蚊蝇肆虐的夏天，缺水无电，一些人开始上吐下泻，痢疾横行。救援队采来随处可见的马齿苋，煎煮成汤水给震区人员服用。有效治疗和防止了震区肠道传染病的大爆发。

热播剧《武媚娘传奇》中提到的流产神器五行草，就是马齿苋。《本草纲目》中说它"散血消肿，利肠滑胎"，由于马齿苋性寒滑，故怀孕早期，尤其是有习惯性流产史者，最好忌食。近代临床实践认为，马齿苋的确能使子宫平滑肌收缩。但临产前又属例外，多食马齿苋，利于顺产。

马齿苋还可促进白发变黑。据宋代刘翰的《开宝本草》中记载："马齿苋，服之，常年不白。"意思是经常服用马齿苋，可使头发常年不会变白。民间的操作方法，是将马齿苋切碎捣烂，加水熬煮，去除渣子，加入适量蜂蜜，做成马齿苋膏。将制作好的药膏放在冰箱里备用，每天早晚用棉签沾一点，涂在白发的发根。若要效果更好，可以配合马齿苋水喝。

　　据报道，地中海某地居民由于经常食用马齿苋，心脏病和癌症的发病率均低于其他地区。喜欢把马齿苋调和在色拉中食用的法国人，心脏病的发病率也要低很多。

　　马齿苋食用效果这么好，可以大吃特吃吗？

　　答案自然是：否。马齿苋性寒，寒凉体质的人不宜多吃。对于经常腹泻、肠胃较脆弱的人来说，最好不要吃马齿苋，因为吃马齿苋可能会使病情加重。

　　药食同源的马齿苋，副作用并不明显，不过一些特殊人群还是需要注意的，因为吃罢会感觉不舒适。易上火体质的人刚开始吃马齿苋时也一定要少量，逐渐适应了才能多吃。马齿苋里最好放白糖，不要放红糖。因为红糖是温性的，会与治疗的方向背道而驰。

　　如前文所述，孕妇最好禁食马齿苋。再者，服中药期间，尤其中药里有鳖甲药材的时候，就不要食用马齿苋了。因为，马齿苋性寒滑利，食用过多容易消化不良，而鳖甲则属于高蛋白的凉性补品，容易加重肠胃的负担。两者同时食用，更容易引起肠胃的消化不良，严重者则会导致中毒。

　　文章前半部分里所说的是小草马齿苋，它是观赏植物马齿苋的始祖，是原始种，花黄色，直径约1厘米或者更小，很不起眼。经过多

年的人工栽培和选育，逐渐出现了重瓣大花的变种，即大花马齿苋。花朵直径可达 5 厘米，颜色也出现白、粉、红、紫、橙、黄花红心等许多变化，成为夏秋时节花坛里鲜艳醒目的观赏植物。

马齿苋科马齿苋属中的近似种，有多年生草本植物紫米粒和毛马齿苋，这二者花色均为洋红色，单瓣。紫米粒因叶片像一颗颗小米粒而得名，如微缩版的半支莲。紫米粒的幼芽和新叶米粒状，在冷凉季节强光的照射下，叶色有紫晕或变成紫红色，盆栽非常漂亮。夏季会开粉红色小花，花开比植株大，紫米粒花期比较长，陆续可从初夏开到初秋。它有许多别名：米粒花、紫米饭、紫珍珠、流星，等等。毛马齿苋的叶腋内，长有长疏柔毛，茎上部较密。花无梗，密生长柔毛。其他长相与马齿苋相近。

马齿苋树，就是大家所说的金枝玉叶、小叶玻璃翠。肉质叶片极像马齿苋，老茎浅褐色，茎秆嫩绿色，肉质分枝多。与马齿苋同科同属，是多年生肉质草本或亚灌木。马齿苋树原产非洲南部的莫桑比克和南非的德兰士瓦省，现世界各地广泛栽培。

马齿苋树在原产地，可长成高达 4 米的肉质灌木。盆栽时通过修剪整形，严格控制高度，可以成为很好的家庭观叶植物。

希望来年夏天，马齿苋继续来我的花盆里做客。

# 日日冲冠为谁雄

"你好，刺刺。"这是我每天进到办公室，打开电脑之前说的第一句话。

在晨光里，刺刺会用它细刺上悬挂的露珠，向我闪烁，微笑。袖珍西瓜般的身上，有着手风琴箱褶似的条条竖棱，棱脊上淡黄色的针刺排列如花，一副冷峻孤傲的模样。

刺刺，是一个比拳头大点儿的仙人球，一直和我共用一张写字台。

在刺刺的老家墨西哥，刺刺是仙人掌类植物中长相最普通的一种，它的兄弟姐妹们外表都好有个性——掌状、柱状、鞭状、棍状、树状、三角、椭圆、四棱、多棱……长相虽然全无章法，但大多数肉乎乎、肥敦敦的，体内储存着大量浆液。喜欢养多肉多浆植物的圈里人，都亲昵地称它们为"肉肉"。

肉肉茎秆上的叶子，基本上齐刷刷地全部退化掉了，又一个个化作长长短短的刺长出来——全然颠覆了普通植物茎、叶的形象！

这个家族里的成员，高矮也天马行空，身材小的，一生只有纽扣大小，大的，身高近 20 米，体重达 10 吨。好家伙，这样的庞然大物，大概没有人敢请它来家里做客吧。当然，也没有一个家，大到可以容得下它。

　　外表如刺猬般的仙人球，心，却与人为善。肉肉们是很愿意与人共处一室的，因为它们的呼吸，在夜晚与人恰好相反。长久的沙漠生涯，让肉肉练就了夜晚呼吸孔打开、吸收二氧化碳、释放出大量氧气的本领。瞧，家里摆放一些像肉肉这样不需要多少成本、易于打理的绿色"增氧泵"，自然是多多益善啦。你如果不介意它的刺的话，除了被窝里，卧室里的其他地方，大概都可以摆放呢。

　　家里若有人患腮腺炎和褥疮，仙人掌也会挺身而出，用多汁多浆的绿"肉肉"，为患者消炎止痛——《岭南采药录》说它"性涩寒，无毒"；《本草求原》则列出了药方："消诸疮初起，敷之。"这敷法，自然是去刺后捣烂，敷在肿大的腮腺或疮褥处的。想来再笨的人，也不会直接带刺敷上去的吧……

　　无数次抬头凝望刺刺那覆满针刺的身体，眼里、心里是充满感激的——南美洲出生背景的刺刺，帮我抵挡电磁辐射倒在其次，那绿色毛刺刺的球身上，仿佛有音乐一直从中悠悠飘出，随时随地安抚我因久盯电脑屏幕而干涩的眼睛。如果我照料得当的话，刺刺还会开出一朵朵美丽的鲜花呢。

　　喜欢这首网上看到的诗："日日冲冠为谁雄？剑戟林立最无情。闲心忽逢桃花渡，捧出玉簪摇春风。"玉簪般的花朵，摇曳出仙人球的铁血柔情。

　　假如它没有刺——当这个想法从我脑子中闪过时，连自己都觉得可笑——没刺的仙人球，那是西瓜吧。假如肉肉没有刺，这个世界上，还有肉肉吗？恐怕早步了恐龙的后尘。

　　肉肉家族对于"刺"，是特别有感情的。

　　肉肉们费尽心思举出或长或短、或粗或细的刺，有着绝对深刻的

见解：食草动物们再也不敢轻而易举地将自己作为免费的餐点了；体内金贵的水分，因摈弃了叶子这个"抽水机"，也不会轻易蒸腾流失；茂密光亮的刺，会将来自太阳的多数光线反射掉——肉肉们锲而不舍地用智慧、用周身上下的刺，战胜了一般植物的怯懦，战胜了自己，

在迷人却又高热、干燥、少雨的大沙漠中，泰然栖身。

这，正是我喜爱肉肉的原因之一。

植物，是生存环境的产物，人，也同样。

看看周围，也有好多人，为了避免伤害，用硬如铁甲的外壳将自己密密地武装起来，但硬壳下，却是一颗美好善良的心。只有深入了解，才会感觉到。

在如何适应环境方面，植物和人，有着惊人的相似之处。

当然，如果从现在起，肉肉们就这么一直和人待在室内，没有烈日，没有干旱，也不存在食草动物的啃食，那么，它会不会觉得，已经没什么威胁需要用刺去防卫了。身上的刺，会不会又退化掉，然后重新长出绿叶呢？刺刺，你可以告诉我吗？

# 14

# 芸香辟蠹

芸香，是一种其貌不扬的草本植物。高不过1米，瓜子一般的叶子，组合成二回或者三回的羽状复叶。叶色绿中发蓝，叶面上像是覆盖着一层白粉。知道了这两个特点，倒是很容易就将芸香和它身边的植物区分开来。

芸者，众多也。如果望文生义，觉着芸香会散发出连绵不绝的芳香，那就错了。

我一点儿也不喜欢芸香散发出来的气味，那是混合了香、辣、苦、臭于一体的特殊气息。这气味浓烈而霸道，如果你站在一片芸香前，芸香的气味会很快爬上你的衣襟。从芸香的别名香草、百应草、小叶香和臭草可以看出，不同的人，对芸香气味的感受是不相同的。

一些动物和昆虫也不喜欢芸香的味道。猫，似乎很讨厌芸香，看到芸香会绕道而行；一些人在花园里种植芸香，是为了避蛇；在一些农村，有人专门采来芸香枝叶，压在炕席底下，跳蚤和虱子闻见，便溜之大吉。春夏，也有人会在门楣和窗户上，挂一排芸香，用以驱赶蚊蝇。

芸香最典雅的用法，是被夹到书里，用来防蠹虫。沈括《梦溪笔谈》载："古人藏书辟蠹用芸。芸，香草也，今人谓之'七里香'者是也。

叶类豌豆，作小丛生，其叶极芬香。秋后叶间微白如粉污，辟蠹殊验。南人采置席下，能去蚤虱。"

有人说，《梦溪笔谈》里所说的香草"芸"，是禾本科的芸香草，也有人说是报春花科的灵香草。

我不这样认为，我觉得它就是芸香科植物芸香。丛生的草本，叶子像豌豆，上有白粉，有香气，可防虫，这些特点，芸香都具备，而芸香草和灵香草的叶形和叶色却不符。我曾经在一本书里夹过一小丛芸香枝叶，一年后翻书，芸香枝叶已经被压成了一个平面，像是一棵画出来的卡通树。气味被时间和书本稀释，已没有了新鲜叶子的那股冲味，唯余淡淡的馨香。

无论如何，用一种草叶夹在书里防虫，不仅浪漫，而且富有诗意。杜甫诗云："晚就芸香阁，胡尘昏坱莽。"杨巨源曰："芸香能护字，铅椠善呈书。"

试想，翻书之时，草香也缕缕飘出，多美！这也是书香一词的起源。借此，与芸香有关的东西，也就成为书的代名词：书斋称芸窗、芸馆，书签称芸签，书籍被称为芸帙、芸编，就连古代的校书郎，也有个好听的名称：芸香吏，大诗人白居易就曾做过这个官……

唐代，已将芸香用于官方藏书，将管理国家藏书的中央机构称为芸香阁。

别看芸香味可杀虫，然而在一些地方，芸香亦入馔。半碗绿豆、几块冰糖加一把芸香熬就的"绿豆臭草汤"，听起来不那么好喝，但它管用，不仅清热解毒、凉血散瘀，而且可以去除脸上的痘痘，深受青春期美女的青睐。一些地方，会把芸香叶子加入鸡蛋、奶酪和鱼中调味；在埃塞俄比亚、意大利、古代近东和罗马菜系的香料混合物中，

都有芸香的参与。

如果你足够幸运，在夏日芸香开花时，就会看见芸香花朵里上演的喜剧般的传粉方式。

黄绿色娇小的花冠里，八位细细高高的雄蕊，在"女王"（矮胖的雌蕊）身边围成一圈，等待"女王"的宠幸。到了神秘的结合时分，女王开始匪夷所思地"点兵点将"，她呼唤谁的名字，谁就弯腰接近并俯首亲吻她的柱头。"女王"似乎更偏爱奇数雄蕊，因为她接下来钦点的是第三、第五、第七根雄蕊。轮到偶数雄蕊浪漫出场时，"女王"钦点的顺序依然是从小到大：第二、第四、第六、第八根，直到所有雄蕊一一"宠幸"为止，既神秘又有趣。

# 15

# 植物在极端环境中的生存智慧

　　这个世界，先有植物，才有了生命。在时间的长河里，植物总有能力把不毛之地拓展成生命的绿洲，和约 5 亿年前从海洋登陆的第一个绿色植物一样，植物小小的身躯，即使在极端恶劣的环境里，也能衍生出让人叹为观止的一世繁华。下面让我们一起来感受一下荒漠、高山和冰雪覆盖的南极等极端环境中，植物的生存智慧。

## 速度达人——梭梭

　　沙漠植物梭梭，一出生就不得不面对严峻的现实——若来不及扎根，一阵狂风过后，小小身躯就会被连根拔起，顷刻间便隐没在漫漫黄沙里了。因为，梭梭的种子很小，千粒重才 3.25 克。因此，小梭梭一旦发现有生存的机会，不是先把枝节伸向蓝天，而是以最快的速度，把根扎到地下。

　　没有雨水的日子，梭梭静静地站在沙丘上。一旦有一场雨，在很短的时间内，梭梭就会将根扎下去一两米！在我们看不见的地下，编织出蓬勃的生命之网。让人吃惊的是，为了抓住沙漠中贵如油的几滴水，梭梭练就了世界之最的种子萌发速度——一旦遇到雨水，两三个

小时之内，就能迅速生根发芽，快速长成一株小梭梭。

　　而我们常见的发芽最快的蔬菜种子如白萝卜和小青菜，2～4天后出芽。草莓种子，发芽则需要半个月到一个月的时间。

　　之后，梭梭还会在根上下功夫，它的根可以长到5米，主根和侧根像一只只手，把周围的沙粒紧紧抓住。它的根系若不幸被风蚀，即

梭梭

便是裸露出 1 米，狂风袭来，依然可以岿然不动。为了减少蒸发、减轻风的杀伤力，它甚至舍掉了自己的绿叶，用新发的绿色嫩枝行光合作用。梭梭的花被片，在果实成熟时，不仅不脱落，反而会变成稍大点的"盾牌"，呵护果实。在果实背部，梭梭还为自己装备了一个横生的翅膀，长出翅膀的果实，自然能驾风飞翔到很远的地方……

## 耐旱冠军——千岁兰

老家在非洲纳米比亚沙漠的千岁兰，有着粗壮低矮的身子和两片永远不死的扁长叶子。这个可以长到 2 米高、8 米宽的超级"矮胖子"，堪称植物界的寿星，寿命长达 1 500 ～ 2 000 年。

千岁兰将身子的大部分埋藏在沙土里，根深可达 30 米。露出沙面的茎，只是一个中间下凹、坚硬的木质化圆盘，两片宽厚的带状叶片，生在圆盘的边缘，长度在 2 米以上，像是从圆盘间缓缓伸出的两条长皮带。这两片叶子，从种子萌发开始就与植株不离不弃，也不停止生长。

在沙漠飓风的磨砺中，千岁兰的叶缘沿平行叶脉会被撕裂成许多破布似的狭条，甚至成为蓬松的鬃毛，狂风一吹便"张牙舞爪"。远远望去，犹如一只爬在沙滩上的大章鱼，也有人说像匪夷所思的外星生物。

纳米比亚的纳米布沙漠年均降雨量不足 25 毫米，有时甚至数年滴雨不下，只有大西洋的阵阵风暴，每月会给这片沙漠带来五六天的浓雾。在最高气温常达 65℃ ～ 70℃ 的不毛之地上，聪明的千岁兰在自己的叶子里装备了许多特殊的吸水组织，它们如猎犬般灵敏地抓住空气中难得的水分。这本领，让千岁兰轻松摘取了"世界上最耐旱植物"

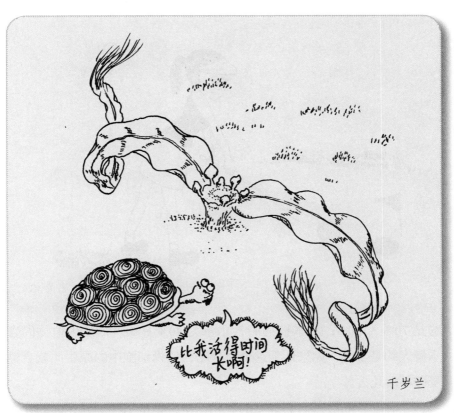

比我活得时间长啊!

千岁兰

的桂冠——就算五年内一滴雨也不下,"沙滩上的大章鱼"也不会渴死。

在千岁兰的世界里,天空的雨就只有几滴雾水,而它的生命,却可以超越千年。

## 九死还魂——卷柏

水,对于植物,犹如血液对于人。在所有植物体内,都有含量不等的水。水生植物的含水量最高,可达 98%;草本植物的含水量,大

卷柏

约是 70% ～ 80%；木本植物的含水量为 40% ～ 50%；沙生植物的含水量大约是 16%，如果低于这个百分比，植物细胞中的原生质就会遭受破坏而死去。

　　生存在荒石坡或岩石缝里的卷柏，似乎是个另类。它体内的含水量可以降到 5%，几乎成了枯死的"干草"，但没有真正死去。这个时候的卷柏，除了让自己长成蜷缩内敛的圆球，茎基部也会变得非常脆弱。由于身体极轻，经过身边的风，很轻易地就能够折断它们。于是，在一望无际的戈壁，大风过处，常能看到一个个圆形的草球随风滚动。一旦卷柏觉得脚下的水分足以生存，它便迅速地打开圆球，让根重新钻进土里，暂时安顿下来。当水分又一次不足，卷柏感觉住得不开心时，它会再次准备踏上新的旅程。

　　在卷柏的一生中，要经历多次这样的"死去""活来"，于是它

有了个形象的外号——"九死还魂草"。1959年，日本有位生物学家发现，用卷柏制成的植物标本，在时隔11年之后，居然"还魂"复活，足见卷柏超强的耐旱力和生命力。

# 建筑巧匠——塔黄

在海拔4 000米以上的高山流石滩上，年均气温在 -4℃以下，最热的月份，月均温度也不超过0℃，加上经年累月的强风怒号，若没有特殊装备，植物是难以招架如此恶劣环境的。

然而，塔黄却用美丽强韧甚至是张扬的生命，告诉我们：智慧，可以创造奇迹！

塔黄的一生说长不长，说短也不短，在5 ~ 7年的寿命中，80%

塔黄

的时间里，它都朴素得如同一株白菜，匍匐在流石滩上，汲取阳光雨露，和狂风严寒抗争。

到了生命的最后一年，也就是开花结果的这一年，它的性情和外表都会突然间改变，它不再隐忍、不再矮小平凡，取而代之的是张扬和华美。

时间进入盛夏，这里的冰雪却刚刚消融。仿佛受到了某种召唤，从白菜叶子似的莲座样基部，慢慢抽出一根"擎天玉柱"，这根高达1.5~2米的"玉柱"，是塔黄的巨型花序，花序由下向上逐渐变细，在花序的外面，包裹着一层像瓦盖一样的苞片。这苞叶是半透明的，每个心脏形的苞片都向下悬垂包裹，苞片的中心鼓起来，苞片的边缘则紧紧贴合着下面的苞片，就这样一片搭盖着一片，上片搭在下片之外，一层层叠加上去；色彩也由翠绿逐渐过渡到金黄，远观如可爱的宝塔。

轻轻揭开一个苞片，当里面的一簇簇小花映入眼帘时，你会恍然大悟：原来，塔黄把自己捣鼓得如此别致，是经过深思熟虑的，而且非常科学。

全身上下这些覆瓦状的半透明苞片，犹如一个个小型温室。白天阳光耀目时，苞片会阻挡紫外线的强烈辐射，而让内部的温度得以在光照下攀升；到了夜晚，外部气温骤降，因有苞片的包裹，热量不会轻易散发，这样内部的温度会明显高于外界。此外，苞片还可以阻挡疾风骤雨的侵袭……如此这般，苞片里的小花和未成熟的果实，在生存条件恶劣的雪域高原，依然可以安心地做"温室"里的花果。

当我们在北方因给南方植物建造了越冬温室而沾沾自喜时，岂不知，塔黄一经长成，就拥有一个个纯天然精巧绝伦的迷你型温室。

雪域高山上，一种名叫蕈蚊的昆虫，显然也知道这种"温室"的

妙处。塔黄的温室，也是蓑蚊的育婴室。塔黄开花时挥发的"2-甲基丁酸甲酯"，在传粉蓑蚊的眼里，是一种精密的化学导航，它会指引蓑蚊在空旷的流石滩上快速发现自己。

雌雄蓑蚊双双赶来后，会在苞片外交配。之后，雌蚊会进入苞片内，从此享受起风雨无侵、张口即食的安逸日子。在此过程中，黏附在蓑蚊身体上的花粉，会在它到处进餐时传递到柱头上，帮助塔黄实现受精。末了，蓑蚊还会将卵产入一部分花的子房里。子房内的卵，在塔黄种子即将成熟时开始孵化成幼虫，并以成熟的种子为食，直到幼虫完成发育。之后，蓑蚊爬出果实，下到地面钻进土里化蛹越冬，第二年6月份，又羽化成虫，开始下一个世代的轮回。

想必，此时的塔黄也很满意，自己只贡献了一部分种子，蓑蚊就帮自己完成了子孙繁殖的大业。

塔黄在生命的最后一年，为什么要生得如此高大？我个人认为，这是塔黄希望自己成熟后的种子，在搭上高山劲风的便车后，能走得更远一些吧……

## 时尚大师——雪兔子

为了能够在海拔4 000米以上高寒贫瘠的流石滩区域生存繁衍，雪兔子在自己的茎叶和头状花序上，生出了极为稠密的白色绒毛和长绵毛，一些雪兔子长毛里还有紫红色的条纹，蓬松温暖，就像是穿上了漂亮厚实的羽绒衣。这个菊科风毛菊属雪兔子亚属的植物，个头矮小粗壮，远远望去，俨然一个个敦敦实实的兔子，圆溜溜，毛茸茸，安安静静地匍匐在高山冰缘带，雪兔子一名也因此而来。

　　雪兔子正是依靠这种萌萌哒的扮相，获得了极端环境的居住证。温暖蓬松的"羽绒服"，使得植物内部充满了空气，这对高寒地带悬殊的昼夜温差，起到良好的缓冲作用。无论是在太阳辐射强烈的白天，还是在温度骤然下降的夜晚，雪兔子娇嫩的茎叶，始终处于相对稳定的小环境里，避免了极高和极低的温度波动对植物组织与器官的伤害。

　　银白色的绒毛，不仅能够反射掉部分紫外线，防止紫外线直射对植物繁殖器官造成的危害，还能够提升雪兔子花序表面的温度，吸引来为它们传粉的昆虫。同时，这些绒毛还可以防止雨水对花粉的冲刷，保证花粉的数量和质量，有利于提高其繁殖成功率。要知道，雨水对花粉有百害而无一利，不单会冲走花粉，也会使花粉破裂，失去生殖能力。

　　有科学家做了个稍微残忍的实验，在其原生地给雪兔子脱掉了"羽绒服"，结果发现，去除被毛后的雪兔子，根本无法完成繁殖后代的任务。

## 拓荒先锋——地衣

　　南极大陆常年被冰雪覆盖，即使在短暂的南极夏季，也仅有5%的无冰雪覆盖地区，气候酷寒、干燥、风大、日照量极少、营养缺乏，生长季节很短，所以，南极洲是地球上植物最稀少的地区。在这里，地衣是种类最多、分布最广的植物土著，主要分布在南极大陆的沿海地带和岛礁的岩石上，品种多达400种，被誉为植物界的"拓荒先锋"。黑、灰、黄、白和红色的地衣，五彩缤纷，高矮不等，形态也各异，像金丝菊，像松针，像海石花，等等，形形色色的地衣，为南极涂抹出绚丽的风景。

　　实验表明，地衣在 −273℃的低温环境下能生长，在比沸水温度高 1 倍的温度环境下也能生存，在真空条件下放置 6 年，依旧能够保持生命的活力。它依靠孢子繁殖后代，生长速度十分缓慢，每 100 年才生长 1 毫米，但寿命极长，一株 10 厘米高的地衣，其寿命可达万年之久。

　　地衣由两种植物——真菌和藻类"搭伙"组成，在没有人类以前，地衣就懂得合作的道理。

　　地衣肯定还懂得 1+1 ＞ 2 的道理：真菌吸收水分和无机物的本领超强，具有叶绿素的藻类，用真菌吸收的水分、无机物、空气中的二氧化碳和阳光为原材料，加工制造出世界上最美妙的产品——养料，

地衣

与真菌一起享用。这种互惠互利的合作，让地衣拥有了超强的生命力。因为两种植物长期紧密地联合在一起，无论在形态上、构造上、生理上还是遗传上，都形成了一个单独的固定有机体，因此，人们把地衣当作一种独立的低等植物来看待。

有雨露和尘埃的地方，一定能看到地衣那壳状、叶状和枝状的身影。有意思的是，生命力顽强的地衣，还是个环保"先烈"，它见不得大气污染。在污染严重地带，地衣几乎绝迹，形成所谓的"地衣荒漠"——它会拒绝接受污染空气里的所有食物，不吃不喝，用自己的生命与污染划清界限。

## 抗寒勇士——南极发草

积雪终年覆盖的南极大陆，高等植物很难生存，南极陆地上广泛分布的是地衣和苔藓，仅有两种开花植物属于高等植物，都是草本，一种是垫状草南极漆姑，另一种是发草属植物，名叫南极发草。

南极岩石风化程度低，土壤呈小斑块状分布在岩石石缝和碎石滩上，南极发草就稀稀落落地分布在这些薄土上。发草体型低矮，中心高高隆起，圆形小茎秆挤挤挨挨地向四周辐射生长，支撑着细长狭窄的叶片，像一个个毛茸茸的绿线团，也好似人染绿的头发，发草一名因此而来。发草的根须大约15厘米，浓密细长，全都深深地扎进土壤，汲取水分和养分。它们常三五成群地扎堆生长，但凭借凸起的圆心，很容易将单个南极发草区分开来。

南极发草和我们常见的小麦、水稻和茅草等植物是近亲，属于禾本科植物。庞大的禾本科植物立足世界的秘诀之一，是可以从土壤中

吸收可溶性的硅酸盐，然后把它们转化为二氧化硅，沉淀在细胞内或细胞间，形成名为"植硅体"的显微结构。硅对植物的生物意义，到现在还没有完全清晰的研究结果，但有不少学者认为，它与植物的抗性正相关。2006 年 4 月，澳大利亚科学家宣布，他们在南极发草体内发现了一种能够忍耐 −30℃环境的抗冻基因，并且已经用这种抗冻基因，对农作物进行了转基因移植实验。转入抗冻基因的作物，显示出较好的抗冻特性。

在漫长的积雪覆盖季，发草的生长期也随之停止，枯黄的叶片多数脱落。待南极夏季来临，在阳光和积雪融化形成的溪水的召唤下，发草从植株中心发芽长叶，开始了新一轮的生长。发草一旦开始萌动，很快生长，在不足 90 天的时间里，就可开花结籽，完成繁殖下一代的任务。随后，南极发草在严寒中再次进入休眠。

目前，关于南极发草的研究不多。风儿和鸟类的粪便，有可能是发草籽乘坐的免费班车，借此拓宽生存的疆域。发草的花朵和种子都细细小小，毫不起眼，但在终年积雪的南极，能够完成开花结籽这一繁衍重任，实属难得，也几乎绝无仅有。

（本文原载《中国少年报》2019 年 11 月"快乐百科"）

# 植物御寒　八仙过海

"秋处露秋寒霜降，冬雪雪冬小大寒。"季节，以自己的频率，行走在越来越冷的道路上，冬天，又一年和我们相遇。

人冷了会做什么？添加衣物，哈手，跺脚，运动，或者干脆躲进有暖气的屋子……没有腿，无法移动的植物，只能直挺挺地硬扛吗？

别担心！面对寒冷，植物早已修炼出奇妙的御寒本领。和动物一样，植物的生命周期里，时刻充满着未知的挑战，严寒酷暑，只是植物成长道路上的加油站。

如果寒冷是一片海，且看植物是怎样八仙过海、各显神通的。

## 脱衣御寒

与人类穿衣御寒相反，一些植物在寒冷季节到来之前，会脱掉"衣服"——将身上的树叶一一脱落，轻装上阵，抵御严寒。

让自己光秃秃地裸着，是很多落叶乔灌木度过寒冬的不二选择。冬天，行走在北方的大街上，光秃秃裸露着枝条的行道树有：国槐、法国梧桐、栾树、楸树、杨树、柳树、苦楝树、合欢，还有花灌木：忍冬、接骨木、荚蒾、黄刺玫、紫丁香、连翘、山梅花、锦鸡儿、红

瑞木、锦带花、水蜡树，等等，它们用自己绝对的"素颜"，涂抹出这个季节特有的表情。

仔细看，冬天里植物落掉的叶子，大多是扁平而宽大的。叶子的面积越大，分布的气孔就越多。可别小瞧小小的气孔，它们如一台台微型抽水机，会蒸腾掉植物体内大量的水分，所以，为了减少体内水分的消耗，减少从叶面蒸腾中散失的热量，落叶乔灌木会果断做出"舍末保本"的决定：把自身美丽的叶子"衣服"，当成累赘和包袱，一一脱掉——在叶柄下部组织内，产生离层细胞，使叶子快速脱落，逐渐进入素颜的冬眠中。

冬天来临后，太阳越来越远，植物体内的能量，已经入不敷出了。因此，植物在落叶的同时，会让自身的含水量逐渐下降。所以，我们在冬天看到的植物大多都是枯萎的，这正是它们挤干了身体里的水分而进行的自我保护。

自然状态下，飘落的树叶，像一层蓬松的棉被，覆盖在其脚下草本植物的身上，不仅利于自己越冬，也帮助了脚下小草御寒。

## 穿甲戴盔

落叶乔灌木仅仅靠脱去树叶，就能安然过冬吗？也不完全正确。一些植物会别出心裁地为自己的冬芽"穿甲戴盔"。

我们最容易观察到的一种"盔甲"——毛绒"大衣"，就穿在玉兰树的花芽上。花芽，也就是我们常说的花骨朵。玉兰树先开花后长叶，它的花芽在上一年的秋季就形成了。玉兰树为新出世的花芽，包裹了一层银色苞片。随着苞片的长大，季节也由秋入冬，此时，为了御寒，

苞片上会逐渐长出细密的绒毛。穿上绒毛大衣的花芽，安然开启休眠模式，自然屏蔽掉严冬的侵袭。当早春能量逐渐积聚时，花芽便从冬眠中苏醒，继而舒展白色的花瓣笑迎春天。

银芽柳棉花般的芽鳞片，和玉兰树御寒的绒毛大衣如出一辙——叶片脱落的同时，枝条顶端芽的周围，会生出一些小而层叠的鳞片，可以是毛状，也可以是海绵状，或者，是质地厚硬的蜡质，总之，它们会将芽包裹起来，这就是所谓的"芽鳞"。

再来看看我们身边的常绿植物是如何在大冬天里保持容颜"常青"的。

凑近松树的枝叶细看，这些叶子变得尖尖的如一枚枚缝衣针。变成针叶的目的，正是缩小叶子的面积以减少水分消耗。柏树鳞片状的叶子也很小，只有 1～3 毫米。为了御寒，冬天里，常绿植物松柏的针叶和鳞叶还会给叶子穿上一件件蜡质外衣。穿上御寒衣的叶子不仅不再是包袱，在天气晴朗的冬日，还能够利用阳光进行光合作用，制造营养。樟树和冬青的叶子虽然扁平，但在叶片表面上，也覆盖着一层蜡。

在显微镜下观看，松柏叶子表皮的细胞壁较厚，下皮细胞孔可以自动关闭，天然筑成"铜墙铁壁"似的角质层，避免水分蒸发，可以抵抗零下三四十摄氏度的严寒。

"大雪压青松，青松挺且直"是冬日里松柏精神的真实写照。与白雪相互映照的针叶和鳞叶，泛出翠绿的光芒。这生命葳蕤的光，会瞬间给予人喜悦，并激发出人们对于抗寒勇士的尊重。

# 建地下粮仓

　　身单力薄的草本植物遭遇寒冷时，也不会坐以待毙。如果仅仅依靠飘落在身体上的大树叶子御寒，是不靠谱的，因为树叶儿可遇而不可求，也许一阵风就刮跑了。草们看着头顶稀疏的落叶也在动脑筋想办法："大冬天，我要是能把叶芽往土里藏深点，盖上厚厚的土被子，不就暖和了？"一些草本植物这样做了，但问题也随之而来：叶芽藏在地底下越冬，是够温暖的，但如果春天到来时，地上没有营养输送给叶芽，它们无法钻出地面啊。于是，一些植物在秋天就着手在土里给叶芽建粮仓。开春后，坐依粮仓吃饱喝足了的叶芽，在大气温度和太阳的召唤下，开启了新的征程。

　　土豆、红薯、山药、魔芋、红白萝卜、大丽花和牧草，等等，它们胖乎乎、肉敦敦的根茎，就是植物为自己越冬建立的粮仓。当然，这些富含营养的根茎，现在大都成为人类的滋补品。

　　细究一下，会发现这些"粮仓"的出处不一而足，是任由草们自由发挥的。有的主根直接肉质化，像我们常见的胡萝卜和白萝卜；有的由侧根膨大形成，如红薯，所以，刨出一株红薯苗会发现很多个红薯；土豆和芋头是由茎膨大形成的，红薯和土豆上那一个个凹陷的小坑，就是将来芽子的露头之处；百合、水仙和洋葱等，则是由鳞片状的叶子膨大而成的，具体叫鳞叶。叶芽，被鳞叶紧紧地包裹在里面。

含羞草

# 用种子过冬

　　草本大家族里有一类特殊成员，那就是一年生植物，像狗尾草和一年蓬，只有一年的寿命，所以它们其实不存在过冬这一行为。寒冷来临时，在它们的地上部分枯萎之前，这些植物已经将光合作用的产物储存在了种子里。它们的后代——难以计数的种子，会随风、随小鸟、随动物的皮毛乃至人类的衣裤，传播至四面八方，顺利完成了对种族的延续。来年，在暖阳与和煦春风的呼唤下，从种子里又会生出自己的一世繁华，尽管这繁华只有短短的几个月。

　　这似乎是一种更为高级的地上越冬方法，种子一般都有相对较硬的外壳，种子里的水分极少，储存着丰富的营养物质。秋季成熟后的种子，在冬季里休眠，在开春时萌芽，这大概是植物越冬的最高境界吧。

　　还有一些植物如韭菜和莲藕等，会布局"两条战线"与严寒抗争：一方面结籽传宗；另一方面毫不留情地"丢叶图存"，第二年再发新芽。

# 变身化学家

　　叶子脱落，枝条干枯，是我们在冬天里能看到的植物最明显的变化，植物体内我们看不见的变化还有哪些呢？

　　有一些植物，既不将营养物质储存在根系里，也不储存到种子里，而是储存在植物体内，通过体内一系列化学反应来应对严寒。譬如冬小麦和油菜等两年生植物，从入冬开始，体内会发生一系列化学反应，

如：产生类似于促使人类睡眠的物质——冬眠素；让结合水上升，自由水下降——减少细胞内结冰的机会，因为冰晶，对植物体来说，几乎是致命的；将藏在体内的蛋白质和淀粉"搬运"出来，在酶的参与下，将蛋白质和淀粉水解成可溶性的氨基酸和糖类，以增加植物细胞液的

浓度，使其不易结冰……

想必大家都知道，霜降后的大白菜和红薯比较好吃。这是因为经霜后，大白菜和红薯在抵抗寒冷时，会将体内的淀粉转化为易溶于水的葡萄糖，大大提高了白菜和红薯的口感。糖分子不仅可以降低冰点，还有巨大的表面活力，可以吸附在细胞器的表面上，减弱它们的生命能力。细胞内糖多，渗透压增大，保留的水分就多，水分外出结冰的机会就少。

有趣的是，大白菜和卷心菜在行使"化学家"这一职责时，还不忘把新叶一层层包裹起来，形成一个好看而耐寒的叶球。

## 直接发热

脱衣御寒、穿甲戴盔、建立粮仓、用种子过冬以及变身"化学家"，都是植物常规的御寒方式，还有一些植物会用别出心裁的方式抵抗低温，其中最令人惊讶的，便是植物可以像动物一样，依靠主动产热来应对严寒。

通常，生物体通过呼吸作用分解有机物，释放热量，而对植物来说，它的呼吸速率太低，以至于产生的热量微乎其微，无法像恒温动物那样大量产热。但有例外，在天南星科植物中，就有好多产热高手。它们能够通过一种名为"抗氰呼吸"的特殊代谢方式，利用线粒体中特有的交替氧化酶，促使呼吸加快，大大提高呼吸速率，从而产生大量的热。

分布在我国北部和北美地区的臭菘，它的花序常常要冒雪开放，而此时，周围的气温几乎接近零度。聪明的臭菘会通过特殊的生理过

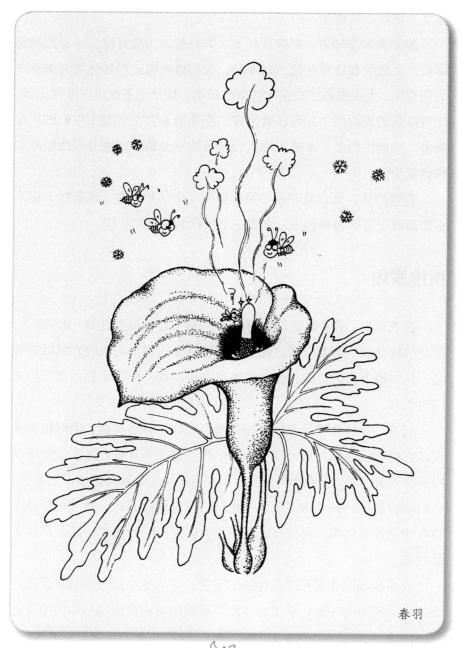

春羽

程，让花序内的温度持续数天维持在 20℃ 以上。春羽发热的能源，来自雄性小花里的脂肪球，这脂肪球长得像极了哺乳类动物用来制造热量的棕脂。从傍晚起，春羽开始给中间那根棒状的花序加温，9 点到 10 点，温度会达到峰值——白色肉穗花序上的温度最高可上升到 46℃！摸起来，竟会有点烫手。据说，春羽将体温维持在 46℃ 所制造的热量，赶得上一只猫咪在睡眠中维持体温的热量，比一只麻雀在飞行中制造的热量要多。巨魔芋在开花时，其肉质花序轴顶部的温度，也会高达 38℃……

这些会发热的植物似乎清楚，热量会在花序轴顶部形成低压区，把佛焰苞基部产生的气味，通过对流的方式，强行输送到远方，成为气味的助推器，以此吸引那些数量稀少的耐寒昆虫前来传粉。这种维持组织高温的能力，即使在动物界，也足以令人惊叹！

荀子说："岁不寒，无以知松柏；事不难，无以知君子。"植物，正是用以上形形色色的御寒本领，书写着它们迷人的生存智慧。

（本文原载《大自然》2019 年第 6 期）

# 植物界的伪装大师

　　植物没有腿脚，无法移动，面对天敌和食草动物，只有束手就擒吗？答案，对于个体来说，似乎是唯一的，然而，将目光锁定一个种群，沿时光的脚步追逐审视，你会发现，这个答案，并不唯一。

　　植物在与不利环境、与天敌的抗争中，会慢慢地改造自己，向着更好地适应环境、更利于保护自己的方向进化。在时间的长河里，有的植物，拥有了威力强大的生化防身武器；有的进化出了别出心裁的生存本领；也有的会采取打不过就躲的方针政策，把自己乔装打扮一番，不让天敌和食草动物发现自己，或者，让它们因恐惧而远离自己。

　　后者的进化方式，用术语来说，叫作"拟态"。所谓拟态，就是生物在进化过程中形成的外表、形态及色泽与环境或者其他动植物异常相似的现象。拟态，是种群朝着自然选择上有利的特性发展的结果。

　　这篇文章，让大家结识几位植物界的拟态大师，看它们是如何伪装的。

## 模拟昆虫，上演美人计

　　在美国一所大学的教学植物园里，我见到了角蜂眉兰。

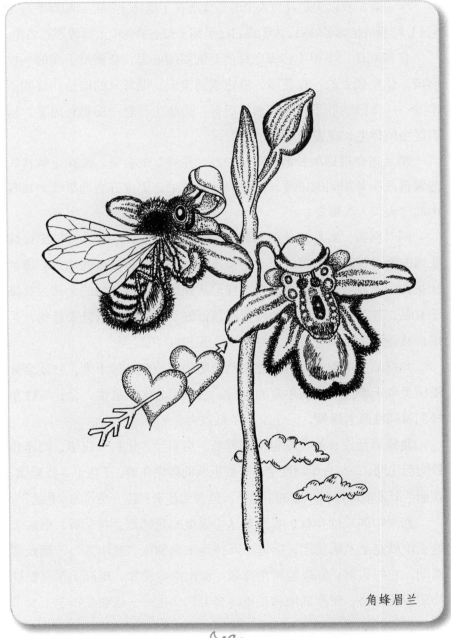

角蜂眉兰

乍一看，我以为是几个大个的苍蝇落在了植株上，甚至想挥手赶走它们，待看清植物名牌后，才明白自己见到了拟态植物中大师级别的名角。

　　仔细端详，不得不感慨角蜂眉兰细腻的心思：花瓣最下端的一枚唇瓣，也是最大的一枚花瓣，特化成圆滚滚、毛茸茸的雌性角蜂的下半身——浑圆的肚子，光溜溜的后背，边缘生长着一圈褐色短毛，恰似昆虫的体毛，毫发毕现。

　　眉兰还会根据生长地的不同，在"角蜂"的后背，涂抹上醒目的蓝紫色或棕黄相间的斑纹，好让自己的花朵，更接近当地雄性角蜂眼中的"大美人"形象。

　　两对唇瓣，对称地从腰部伸出，长度和外形，一如角蜂、胡蜂或苍蝇的两对翅膀。头部的设计是重点，也是花心思最多的地方。眉兰让花柱和雄蕊结合长成合蕊柱，样子从外形上看是角蜂的头部，有鼻子有眼，甚至连雄蜂脑袋的位置都预留好了。雄蜂一旦赶来赴约，头部自然而然地会接收到眉兰想要传递出去的"爱之吻"。

　　角蜂眉兰的拟态，只是它生殖策略的第一步，接下来，它还会分泌出类似于雌性角蜂荷尔蒙的物质。这模拟的性信息素，会让雄性角蜂们瞬间性激素爆棚，完全没有了抵抗力。

　　角蜂眉兰设计的花期也恰到好处。当眉兰"化妆"完毕，恰逢角蜂的羽化期，一些先于雌性个体来到世间的雄性角蜂，正急于寻找配偶，在眉兰散发的雌性荷尔蒙的引诱下，急匆匆赶来，赴一场爱的"约会"。

　　恋爱中的雄性角蜂，看到草丛中摇曳的角蜂眉兰花朵后，很庆幸这么快就交上了桃花运，会迫不及待地上前拥抱"意中人"。翻云覆雨间，它的头部正好碰触到角蜂眉兰伸出的合蕊柱，雄蕊上带有黏性物质的花粉块，便准确地粘在雄蜂多毛的头上——这在生物学上有个

术语叫"拟交配"。

待雄蜂幡然醒悟后，只好悻悻地飞走。但此时，背负花粉块的雄蜂，已经被"爱情"冲昏了脑袋，求偶心切的它，再次被花朵释放出的雌性荷尔蒙吸引，就像被酒香勾去了魂的醉汉，毫不迟疑地冲向"美酒"——另一朵眉兰，再次殷勤"献媚"，角蜂头上粘着的花粉块，便准确无误地传递到这位"骗子"眉兰的柱头穴里……可怜无数痴情的雄性角蜂，为了一只只酷似蜂美人的花朵神魂颠倒、前赴后继，在雄性角蜂集体的不淡定中，角蜂眉兰只使用了"美人计"，而不用付"工钱"，就搞定了异花授粉！

有意思的是，成功受粉的角蜂眉兰，立马释放出一种让角蜂作呕的气味，这气味在角蜂闻来，犹如花季少女的体香一下子变成了老奶奶的汗臭，避之唯恐不及。

在这场"美人计"中，角蜂眉兰以非凡的才华，穿越动植物界间的屏障，将植物"骗术"演绎得登峰造极。从颜色到形态，再到气味，角蜂眉兰做到了全方位、多角度的模拟一种昆虫，让貌似强大的动物，在小小的植物前，也乖乖地俯首称臣。

模拟小动物的拟态植物比较多，如眼镜蛇草、飞鸭兰、蝎子草，等等。之所以这样拟态，无非是借助于凶悍的外表，吓退食草动物，或者吸引昆虫前来授粉。

## 模拟环境，石头能开花

生石花的家，就在非洲南部干旱荒漠上的岩石裂缝或沙石堆里。这里风沙弥漫、高温干旱、淡水奇缺，一年只分为漫长的旱季和短暂

的雨季，一般植物很难在这里落脚，即便有胆大的，也很快会成为饥肠辘辘的沙漠动物的腹中餐。

谁也说不清，生石花的祖先，何时把自己变得和周围的沙石不相上下——矮小、敦实，像一块块鹅卵石（拟态）。这些灰绿色、褐黄色、灰色的肉质球叶"石头"，不亲手摸一摸，很难辨别真假。带着"石头面具"的沙漠生活，让生石花躲过了沙漠上觅食动物的口腹，我们才有幸看到现在这胖乎乎的模样。

不只是外形独特，生石花还练就了高度贮水、极耐旱、抗高温的特质。6、7月份，天气开始闷热的时候，生石花会进入"不吃不喝"的休眠期；旱季大部分时间，生石花将身体缩进沙石里，仅露出植株

顶面。在生石花的体内，饱含着无色透明的黏性多糖，可增强抗旱功能。一旦受伤，高浓度的黏性多糖会让伤口快速愈合，尽可能多地留住每一滴水。

看似不起眼的"石头"，在短暂雨季里开出来的花，却娇艳如菊。雄花花蕊在花中间簇拥着雌蕊，周围是一圈细长的花瓣，大部分开黄花，也有白花，分外娇艳。生石花长着长着会蜕皮分裂，由一个变成两个或者四个，是除开花结果之外另一种形式的繁衍生息。

在非洲老家，生石花还叫作"小牛蹄""眼睛"，有人干脆叫它"霍屯督的屁股"，哈哈，够形象的。

## 模拟环境色彩，做灰色隐士

囊距紫堇，是高山流石滩上的伪装高手，是一位名副其实的灰色隐士。

罂粟科紫堇属的小草囊距紫堇，因花距粗大、像一个小囊袋而得名。囊距紫堇只生长在高海拔的流石滩上，流石滩是由风化的砾石形成的高山荒漠，气候恶劣，植被稀疏。

囊距紫堇的独特之处，是同一居群内有两种不同颜色的个体：一种拥有正常的绿色叶片，另一种则生长着灰扑扑的叶片，颜色和它身旁的砾石块不相上下。如果不在开花期，即使瞪大眼睛，也很难凭叶片把植株从砾石滩中寻找出来。

其实，囊距紫堇费尽心思长出灰色的叶片，只是为了躲避一种名叫绢蝶的昆虫。每年6月初，绢蝶的成虫会将卵粒产在囊距紫堇植株的附近。大约十几天后，绢蝶幼虫孵化出来，就以身旁囊距紫堇肥厚

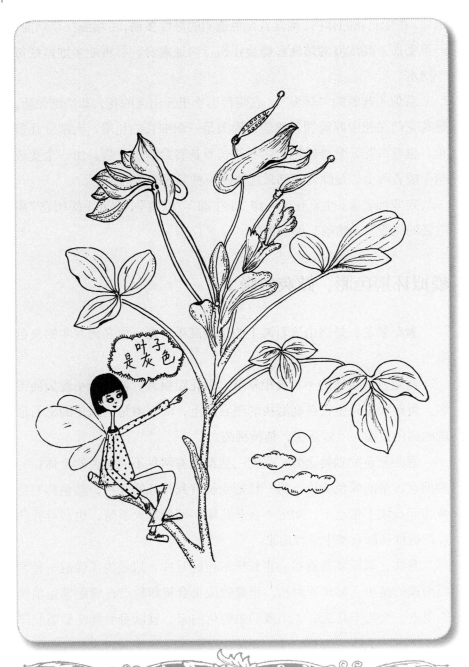

的叶片为食，根本不会动窝。为了避免成为绢蝶幼虫的"盘中餐"，囊距紫堇逐渐学会了给自己乔装打扮，穿上灰色隐身衣——进化出了和环境色彩一致的叶片。

大量的野外观察表明，拥有灰色叶片的囊距紫堇个体，大都能逃过绢蝶幼虫的蚕食存活下来，而那些不懂变更、依然用绿色叶片"示人"的个体，就不那么幸运了。它们绝大多数在叶片还没能完全展开，即在幼芽阶段，就遭到了绢蝶幼虫的疯狂啃食。

一般的，植物都拥有主流色彩绿色，绿叶们通过光合作用来养活植物，所以有人担心，灰色的叶片难道不会影响光合作用？这担心其实多余，研究发现，绿色的叶片几乎不含花青素，而灰色叶片里含有相当多的花青素，但两者体内叶绿素的含量差别不大。也就是说，花青素和叶绿素共同作用，让囊距紫堇的叶片成为灰色，但这两种颜色的叶子在光合作用的效果方面，难分伯仲，所以长成灰色，并不会影响到植株体内能量的生成。

既然灰色的个体可以很好地实现伪装，又不影响其生存和繁殖，那么绿色的个体为什么没有被完全淘汰呢？这个问题到目前为止，还没有定论，期待今后有人去研究破解。

## 模拟食蚜蝇"坐月子"的产房

花瓣超长且扭曲的长瓣兜兰，会模拟食蚜蝇"坐月子"的产房。

食蚜蝇，顾名思义是吃蚜虫的苍蝇。其实，长相如蜜蜂的食蚜蝇，成虫和蜜蜂一样，以花蜜、花粉、树汁为食，只有部分种类食蚜蝇的幼虫以蚜虫为食。长瓣兜兰就是仰仗模拟食蚜蝇的繁殖地，诱骗黑带

食蚜蝇为自己免费做"红娘"。

　　大约所有母亲的心思都是相同的，希望自己的小宝宝一出生就能丰衣足食。黑带食蚜蝇妈妈在产卵时之所以会精心挑选"坐月子"的营地——蚜虫的聚集区，是希望自己的小宝宝打出生起，就有足够的食物。

　　有需求的地方就有交易，有交易就会滋生骗术。长瓣兜兰正是瞅准了黑带食蚜蝇的"软肋"，偷偷地在自己的花瓣或唇瓣的基部，"画出"星星点点的"蚜虫"群—— 一粒粒黑栗色的突起物。在食蚜蝇妈妈的眼里，这里正是小宝宝们到时候可以撒着欢吃的"蚜虫餐厅"。

　　这位视力欠佳的妈妈，自认为找到了中意的产房，开始试图落到花瓣上去产卵。长瓣兜兰早料到这一招，蓄意让花瓣变得光滑而扭曲，食蚜蝇在尝试了几次无法降落后，突然发现不远处还有个平整的"停机坪"。它兴冲冲刚一落脚，不曾想，一下子便掉进唇瓣特化的兜兜里。失足的食蚜蝇自然不知道，这"停机坪"是长瓣兜兰用退化的雄蕊为它专门设置的第二重机关！

　　食蚜蝇开始自救，可兜壁内除合蕊柱所在的内通道外，全部光滑无比，想突围出去比登天还难！这期间食蚜蝇也尝试过其他方法譬如跳出，无功而返后，只好乖乖沿着由唇瓣和合蕊柱构成的传粉通道往外爬，别无选择呀。然而这条通道，正是长瓣兜兰存放花粉块的所在地，是兜兰设置的第三重机关。毫无疑问，成功逃脱的食蚜蝇在爬出通道的那一刻，背上全被长瓣兜兰粘贴上了花粉。当它在下一朵花上重复受骗时，便"荣升"为长瓣兜兰的"红娘"。

　　再来关注一下成功地在"蚜虫"堆里产卵的食蚜蝇的后代。食蚜蝇的小宝宝们孵化出来后，立马发现母亲为自己准备的食物，只是一

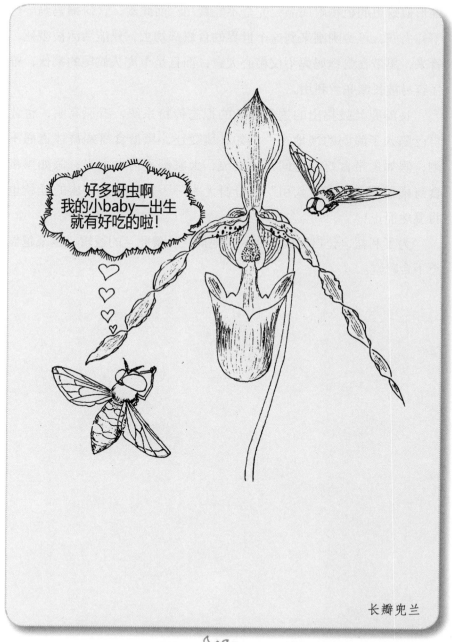

长瓣兜兰

堆形似蚜虫的植物附属品，完全不能食用。而此刻，食蚜蝇妈妈早已不知去向，可怜刚刚来到这个世界的食蚜蝇幼虫，只能活活被饿死。看来，黑带食蚜蝇妈妈不仅粗心大意，而且是个虎头蛇尾的家伙，难怪容易被长瓣兜兰利用。

长瓣兜兰鼓捣出的这套复杂的拟态传粉系统，看似高明，也让自己陷入了脆弱的境地——假如环境变迁，黑带食蚜蝇群体遭遇不测；假如黑带食蚜蝇之间开始交流，大家都不再去上当；假如黑带食蚜蝇被别的种群"勾引"得分身无术……长瓣兜兰种族的延续也将戛然而止！

为了利益，让自己成为他人的地狱。长瓣兜兰的逻辑，越来越显得不合时宜。

# 第二部分　花色迷离

　　花朵千姿百态、美丽万分，蕴藏着无穷的智慧。人类虽然聪明，但比起花朵的巧妙构造，仍望尘莫及。花朵是真正的自然艺术博物馆，是发明家顶礼膜拜的"大师"。植物的花瓣以及花朵里的花粉、花蜜，对植物本身来说并无多大用处，它们是植物制造出来、用以吸引昆虫并支付其为自己服务的酬金的。花儿们不仅会控制报酬量，而且还会看"客"下菜……

# 风信子的歌唱

最初，我是在安徒生童话《小意达的花》中，知道风信子的："蓝色的风信子和小小的白色雪形花发出叮当叮当的响声……"

想象中，它该瘦瘦高高，长着铃铛一样的花型。一阵风过，花朵摇头晃脑，会发出好听的声音，将风儿的语言，婉约地"翻译"成花香和花语。

第一次见到风信子，是在我参加工作后的第一个春天。在那年的春季花展上，它和郁金香等球根花卉，一同站在春光融融的植物园里。

在一片低矮、繁复、缀满密密麻麻小花的圆柱形花朵旁边，赫然竖着"风信子"的牌子。说实话，那一刻，有点点失望爬上我的心头——这么矮小，这么挤挤挨挨的花朵，怎么可以充当传递风儿信息的"邮递员"呢？！

可是，空气中分明有馥郁的花香在飘，而显然，这香味绝不是一旁的郁金香散发出来的。微微弯下腰，果真，就闻到了更浓郁的花香。

在高且艳的郁金香旁边，想要获得蜂儿蝶儿的青睐，风信子是做足了功课的，它使出的绝招是——释放它那无与伦比的香气。

突然间觉得，这香味，就是风信子的歌，灵动而美好！

从此，风信子的歌声，会每年两次，款款萦绕在我身旁。一次，是在春天我工作的植物园里；另一次，我邀请它驻守在我家阳台的水瓶上"唱歌"，和我一起欢度春节。

我更喜欢后者。

12 月底，找出上一年放在装有木屑袋子里的风信子种球，也找出它们的家——那几个阔口窄颈的水瓶，统统洗刷干净。将洋葱一样的种球像瓶塞那样放在瓶口，让底部紧挨水面。有时，为了消毒和防腐，我还会给水里加入少许木炭。几天后，就有洁白柔软的根须萌生出来。白白嫩嫩的根须几乎呈透明状，像鱼儿潜底，像仙女长发飘飘。

风信子洁白的须根一天天增大加长，最后变成浩浩荡荡的风景。

然后，静心等待寒冬尽处的花与香。

和风信子打交道，久了，慢慢摸清了它的秉性——老家在地中海沿岸及小亚细亚一带的风信子，喜欢阳光充足和湿润的"住所"。有意思的是，一株风信子，它的根、芽、叶子和花，对于温度，竟有着不同的理解和喜好呢。

一开始，将它们放在外阳台上比较合适，因为种球喜欢低温，2℃～6℃，最适合风信子的根系生长了；待叶芽萌动时，对温度的要求会稍稍高点，因为叶芽喜欢 5℃～10℃的环境；叶片和叶芽的爱好差不多，生长适温为 5～12℃；到了现蕾开花期，花蕾和花朵，则偏爱温暖，15℃～18℃最合适了。

大约 20 天后，在参差剑叶的呵护下，位于中心的风信子花序，会从上到下，依次绽开几十朵六瓣"雪花"，花瓣尖尖的，一律向外

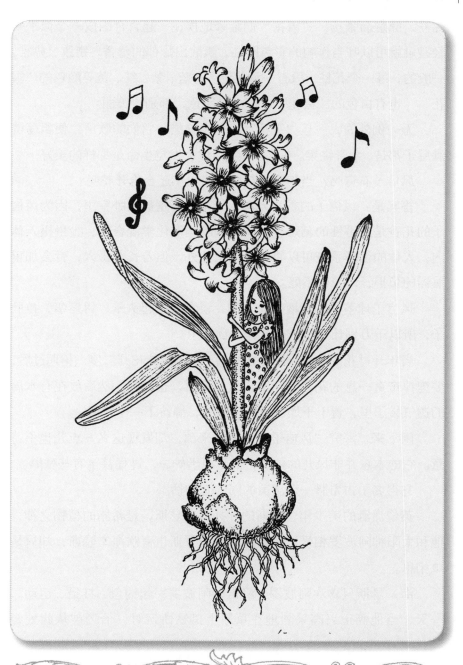

翻卷，肆意而张扬。"雪花"们紧紧地挨在一起，合围成一个似乎一经碰触就可以叮当作响的彩色圆柱，飘散出馥郁的馨香，别致、典雅。一般的，每一个花柱，只有一种花色。有蓝、紫、红、黄等颜色的"雪花"，也有白色的"雪花"。每一种颜色，都别致美丽。

无一例外的，一旦"雪花"们伸出脑袋，它们的歌声，便飘荡得满屋子都是，余音绕梁。在这歌声里，你会发觉生命是那样的美好……

风信子有毒吗？当年开过花后，第二年还会再开花吗？

答案是：风信子的香味无毒，但是最好别放在卧室里，因为风信子的花香是芳香性的萜烯类、酯类和醇类等化学混合物，少量摄入体内，人体的循环系统可以将其代谢出体外，但若长久摄入，就会加重脏器的负担，对身体不好。

风信子球茎里的汁液是有毒的，误食会引起头晕、胃痉挛、拉肚子，所以千万别让小孩子或家养动物食用。

当年开过花的球根，保养好的话，来年还能花开二度。花期过后，要剪掉奄奄一息的花朵。叶子自然枯萎后，也剪掉。然后放在有木屑的透气袋子里，置于干燥、通风阴凉处，静待下一个轮回。

闲下来，深究"风信子"一名的来源，却发现这名一点儿也不诗意。它的本意并非风儿的信使，而是源于妒忌，过程甚至有些残酷。

它得名于古希腊一个凄美的同性恋神话。

英俊潇洒的美少年、宙斯的外孙海辛瑟斯，是希腊的植物之神，他和太阳神阿波罗相爱。西风之神泽费罗斯也喜欢海辛瑟斯，却只是单相思。

海辛瑟斯只喜欢阿波罗，经常和阿波罗一起钓鱼、打猎、运动。一天，当他俩正兴高采烈地在草原上掷铁饼玩时，恰巧被从此处经

过的泽费罗斯看见了，泽费罗斯妒火中烧。于是，当阿波罗将铁饼掷向海辛瑟斯之际，西风之神偷偷地在旁边用力一吹，竟使那沉甸甸的铁饼改变了运行轨迹，正好砸在海辛瑟斯的额头上，一时间血流如注。

英俊少年海辛瑟斯就这样没了呼吸，阿波罗一边心痛地抱起朋友，一边发出"Ai！Ai！"（希腊语中 Ai 与 Aei 同义，意为"永远"）的声音。鲜血，从海辛瑟斯的伤口处不断涌出，流进了脚下的草丛里。不久，草丛间竟开出一串蓝色的花，花香浓郁。阿波罗觉得这海辛瑟斯变的，于是给花儿取名海辛瑟斯（Hyacinthus）。中国人音译为"风信子"。

阿波罗悲痛欲绝，用箭头在花瓣上刻下了希腊文："悲伤。"从此，风信子的花瓣变得细细碎碎，就像那一刻阿波罗万箭穿透的心。

所以，蓝色风信子的花语是：悲伤的爱情和永远的怀念。直到现在，欧美人依然将风信子的图案雕刻在亲人的墓碑上，以表达"永远的怀念"。

在欧洲，风信子一直是园艺家眼里炙手可热的宠儿，大家争相培育新奇特的花色品种。那些重瓣花以及大而艳丽的风信子花朵，在园艺家汗水的浇灌下，款款来到人间。这些人工选育出来的风信子品种，也给园艺家以慰藉，因为新奇，所以能够在市场上卖个好价钱。18 世纪，园艺家彼特培育的重瓣花品种"大不列颠国王"，每个球茎的售价达到 100 多英镑，相当于现在的人民币 7 000 元！

让欧洲园艺家们颇感自豪的是，经过近一个世纪的努力，风信子终于变成人们想要的模样。18 世纪初的图片资料显示，风信子的每茎花序上，着花数约 10 ~ 15 朵，而到了 18 世纪末，一个花序上，

着花数已经上升到 60 朵之多，颜色也更加绚丽多彩。现在，风信子的园艺品种，全球已经超过 2 000 种，是世界著名的香花，荷兰栽培最多。

传说维纳斯女神，为了使肌肤润泽有香气，常常采集攀附在风信子花瓣上的露水，用来沐浴。在英国，蓝色风信子，一直是婚礼中新娘捧花或饰花不可或缺的花材，是幸福的代言者。

风信子在清朝末年才传入中国，所以，我国古典诗词里，几乎没有风信子的身影，但这并不妨碍它本身就是一首诗。

看，我家窗台上，蓝色的风信子已经探出头来。冬日的暖阳，透过窗户抚摸它。它开始唱歌了，飘出缕缕春意。

这歌声也提醒我，又一个新年来了。

# 品读三色堇

进入春天，花朵开启了新一轮的走秀季。

田野秀场上，每朵花儿都心潮澎湃，描眉画眼，浅唱低吟。晨露里、阳光下，华丽的、素雅的、张扬的，香的、臭的，一朵朵绽头露角、顾盼生辉。

成千上万的花儿佳丽中，三色堇不算出众，却特别有趣。这么说吧，世上大概没有一种花，能比得上三色堇善于启发人丰富的想象力了。当我的目光在三色堇的花瓣上流连时，我感觉，三色堇比我平日里遇见的人和事，更能让我品尝到生活的滋味。

记得在一次讲座中，我展示了一张三色堇花朵的群图，让学生们说说它像什么。

答案无比生动，一如三色堇本身。末了，感觉把三色堇花比作蝴蝶的，是其中最缺乏想象力的说法，尽管三色堇在中国的俗名，就叫蝴蝶花。

看看孩子们的想象力吧。有人说，它们是一群可爱的花脸猫，五个花瓣，分别是猫的双耳、脸颊，还有嘴巴、眉毛、胡子，有模有样，简直是天生的；有人说，它们是戴着深色眼罩、塌塌鼻、留着小胡子的小丑——好吧，不开心的时候，看看花儿小丑的脸，兴许就乐了；

还有人说，它们在一起唱京剧呢！瞧，黑脸的张飞、白脸的曹操、黄脸的典韦、蓝脸的多尔礅、红脸的关公……嗯嗯，微风中，叫喳喳的一群花儿脸谱，真的好形象！

　　和国人直观地感受三色堇不同，外国人眼里的三色堇，更多的，是一种意象。

　　看看国外的传说。

　　很久以前，三色堇是纯白色的，就像蔚蓝天空的云一般洁白。顽皮的爱神丘比特，常常用他手中拥有爱情魔力的弓箭射击，箭头射中谁，谁就会情不自禁地爱上中箭后他第一眼看见的人。可惜，顽皮的爱神箭法欠佳，所以人间的爱情常常出错。

这天，爱神又找到一个目标，准备拿他当靶子来练。谁知箭射出后，忽然刮起一阵风，这支箭便不偏不倚地射中了一朵三色堇花。霎时，从三色堇的花心位置，流出了鲜血和泪水。白色花朵上的血泪干了之后，就再也抹不去了。从此，三色堇变成了白、紫、黄经典的三色图案。

　　还有一个神话故事。大意是纯白三色堇在春暖花开时绽放得飘飘欲仙，把所有的天神都吸引过去欣赏她的美，抢了爱神维纳斯的风头。众神散去后，维纳斯点燃了嫉妒之火，用鞭子无情地抽打在三色堇的脸上，留下了深深浅浅的斑痕，青一块，紫一块。维纳斯没有想到的是，三色堇在遭受鞭笞之后，不仅没死，反而比之前更加美艳动人了。看来，被人嫉妒、受伤害，也不全是一件坏事。

　　最不可思议的，是三色堇在德国被称作后娘花。

　　三色堇最下面的那一枚花瓣长得最大，也最花哨，这枚花瓣是好打扮的后娘。它上面的同样花哨的两个花瓣，是后娘养尊处优的亲生女儿。位于最上方、也最灰暗的两个花瓣，是前娘生的女儿，衣衫褴褛。

　　据说，起初，后娘高高在上，朴素的前娘的女儿在最底层。后来，上帝怜悯前娘的女儿，让她同后娘交换了位置，并且让后娘的亲生女儿长出令人讨厌的小胡子……

　　像这样，模样有趣的三色堇，承载了太多形而上的东西。理想与现实的交错，无法言说的痛苦，在三色堇身上，似乎变得可以触摸。

　　文豪莎士比亚特别钟情生长在家乡埃文河畔的三色堇。他的《仲夏夜之梦》，以三色堇为主线，展开了戏剧情节——奥布朗让小精灵帕克摘来三色堇，趁蒂塔妮亚睡觉时，将花汁滴在她的眼皮上。这样，

蒂塔妮亚醒来时便会疯狂爱上她看到的第一个人。帕克在做这件事的时候，同时发现了睡眠中的雷山德等人，他便将三色堇的花汁，也滴在了他们的眼皮上，并希望他们醒来时，能达成"有情人终成眷属"的美好愿景。

可惜，阴差阳错！剧中主人翁睁开眼睛看到的人，都不是小精灵原本设计的角色，戏剧因此充满了矛盾和悬念，情节跌宕起伏。

因了这部不朽的著作，三色堇在英国拥有了一个令人伤感的名字：徒劳的爱。莎士比亚借助被丘比特赋予了爱情魔力的三色堇，表达了自己对爱情的阐释：爱情，其实是盲目的。

有趣的是，这让人失意的、没有结果的、徒劳的爱，多么像三色堇花朵下面那三个醒目的花瓣——一个女人，被两个爱人夹在中间。

从这个意义上讲，三色堇，简直是为饱尝爱情之苦的年轻人量身定做的。

老家在欧洲南部的三色堇，从野花变为家花，也得益于它身上的斑纹。

三色堇在最初被人工驯化栽培时，并不被爱花人看好，花贩们在销售三色堇时，标价比普普通通的太阳花还要低。一次，一位养有宠物波斯猫的贵妇，发现这种花和她家的宠物颇为相似，竟然以 100 倍的标价，豪气地购买了三色堇。此事经由花贩们添油加醋的传播，三色堇便再也不是往日里那个默默无闻的乡间野花了。其后，三色堇的身价，随着花朵与花色的变大、变美而水涨船高。借此，三色堇完成了在欧美花市上的华丽转身，打开了销路。

如今，三色堇家族已经是举足轻重的早春鲜花望族，全世界先后选育出 1 300 多个品种。除了传统的紫、黄、白或红、橙、赭一花三色外，

还有各种复杂的混合色、冷热二色、单色以及花瓣边缘变为波浪形的大花和重瓣等等。

三色堇也不拒绝被盆栽用来观赏和寄予厚望。在法国，三色堇象征着恋人间的相互忠诚；在意大利，三色堇是思慕和想念之物，很受少女的宠爱。三色堇因而堂而皇之地进入黎民百姓家庭。

再来看看作为植物，三色堇在传粉方面的智慧。

堇菜科成员三色堇，拥有典型的"堇"字形花朵：五个花瓣，两上，两中，一下。对应动物的脸庞看即是：顶着两片大耳朵，左右两个脸颊相互对称，下面是一个大大的下巴。仔细看，在下面三个花瓣靠近花心的位置，都生长着一道凸起，上面覆盖着一层细密的绒毛，三个方向的绒毛合围成一个毛茸茸的隧道口，后面是大下巴花瓣衍生出来

的一个短而钝的花距。

花朵成熟后，花距里的花蜜释放出一封邀请函，附近的蜜蜂收到后，急匆匆赶来赴宴，直奔那个盛放花蜜的距里。当蜜蜂沿着路标，跨过外围的隧道口，将吻直直插进距里时，却发觉碰到一个既湿又黏的"嘴巴"（柱头），吻上的花粉瞬间被吸了过去。

好闻好吃的，就在前头，蜜蜂左右探寻着往前继续插吻。此时的吻，仿佛进入一个丛林区（无数花药），林子里挂满了花粉，刚刚被吸掉花粉的吻，瞬间又遭遇了一场花粉雨。穿过丛林区，吻终于抵达盛满花蜜的距。在蜜蜂吃饱喝足后，将吻慢慢抽出，吻再次经过"丛林区"时，又粘上了很多花粉。当蜜蜂从柱头下面抽出吻时，刚才既湿又黏的"嘴唇"，因着吻的抽出反而快速合拢，再也不会吸走吻上的花粉了。

蜜蜂带着这朵三色堇上的花粉，在空中盘旋的时候，又被另一朵三色堇的花蜜吸引，再一次急匆匆朝花距进发，这朵三色堇因此完成了异花授粉。

也有特例，譬如，三色堇开花时恰逢下雨，或者"肉多狼少"，蜜蜂们接到的邀请函太多而无暇顾及每一朵花，等等。此时，三色堇会启用另一套备用传粉装置——自花授粉：雄蕊开裂后，由于重力的作用，花粉落于下部花瓣的距口。这里有一个凹槽，凹槽内渐渐堆满了收集的花粉。位于稍微靠上部位的雌蕊柱头，在等待蜜蜂无望后，会在生命的最后时段，慢慢弯下曾经高昂的头颅，与凹槽紧密贴合，完成自花授粉。

瞧！智慧如三色堇，它乐呵呵向全世界扩张的步伐，不仅仅得益于它讨人欢喜的外形，自身的努力，也功不可没。

如今，三色堇是波兰、古巴、冰岛等国的国花。这些国家的人相信，三色堇上的棕色图案，是天使来到人间时，亲吻了它三次留下的。也有人说，当天使亲吻三色堇花的时候，她的容颜，就印在花瓣上了。

　　一些地方，甚至流行这样的说法：每一个见到三色堇的人，都会有幸福的结局。幸福在找你，你，还在等什么？

　　静下来，凝望四周，你或许会发现，三色堇就在你家的路边、庭院或是花坛里，随风摇曳、铺锦、卖萌。

　　有三色堇的相伴，你会觉得，在尘埃里生长，也是一件很有趣、很有意义的事呢。

# 离天最近的花朵

　　修长的花葶，绸缎般丝滑的花瓣，硕大娇艳的花朵……凝集了天地灵气的高山植物绿绒蒿，轻盈，妩媚，曼妙，花朵薄如蝉翼又艳丽绚烂。据说，每一位见到这种花的人，都会为之倾倒。

　　"没有哪一种植物能够像它这样享有最高、最奢华的名号。凡是能一睹其自然风采的人，看见它们用斑斓的色彩装饰着四周的小灌木时，都会歌颂它们一番。所有初次邂逅这种花的人，都会因它而发狂。"这是苏格兰植物学家乔治·泰勒眼里的绿绒蒿。

　　植物猎人威尔逊显然更夸张，他曾经匍匐在绿绒蒿的脚下，称之为他的植物情人："我发现了它，我的红色情侣，它生长在灌木丛中，仿佛要我验证它的身份。"这是1903年夏天，著有《中国——园林之母》的英国植物学家威尔逊在他的第二次中国之行中，于四川省松潘县海拔3 650米的山地，首次遇到红花绿绒蒿时写下的日记。此前，1903年7月14日，他已经在康定附近的高山上，如愿见到了他的采集目标——西方人称为"黄色喜马拉雅罂粟花"的全缘绿绒蒿。1905年，当威尔逊从中国带着510种树种、2 400种植物标本满载而归时，他所服务的公司，用纯金和41颗钻石特制了一枚"黄色喜马拉雅罂粟花"，来奖励他的卓越贡献。这枚胸针，就是以全缘绿绒蒿为原型设计的。

在我国，从海拔3 000米的高山灌丛草甸到5 500米的高山流石滩，都能看到舞姿蹁跹、美丽张扬的绿绒蒿。它们是离天最近的花朵，拥有着桀骜孤高的气质。因为大多数植株全身上下长满了锈色或黄褐色的茸毛或刚毛而得名"绿绒蒿"，欧洲人称之为"喜马拉雅罂粟花"。在欧美植物学家的心目中，绿绒蒿分布最集中的地区，是中国的喜马拉雅横断山区，这里，是值得朝拜的圣地。

绿绒蒿家族"人丁"兴旺，是罂粟科绿绒蒿属植物的总称。它的许多成员，都有着迷人的花朵，花朵的色彩并不局限于蓝色，还有黄、红、粉、紫和白色。花瓣的质地也和罂粟、虞美人相似，是高山植物里的明星。极端的生境和气候，练就了绿绒蒿隐忍顽强的性格，在灰头土脸沉寂多年默默蓄积力后，才迎来一生中唯一的开花机会，烈日下，寒风中，倾其所有，极尽绚丽。

2008年出版的《中国植物志》英文版（*Flora of China*）中，记述的绿绒蒿共有54种，目前最新的统计已达79种。超过80%都分布在我国境内，主要分布于四川西部、云南西北部、西藏东南部以及青海和甘肃南部。在这个区域，几乎每年都有绿绒蒿新种被发表。

7、8月份的香格里拉，俨然一座高山花园，全缘叶绿绒蒿是其中最靓丽的成员。在高寒地带，大多数植物为了生存而变得低矮，甚至呈垫覆状生长，花朵也能小则小。绿绒蒿显然是个另类，最高的花茎可达2.5米，艳丽醒目，桀骜不驯。

熊蜂、蜜蜂、蝇类和蓟马，是绿绒蒿的红娘。绿绒蒿也懂合作之道，譬如红花绿绒蒿始终让花瓣彼此合抱，只露一个小口，像一个个由花瓣合围起来口朝下的小包子。可别小瞧这小小的花瓣包子，这是绿绒蒿为了能在冰霜凛冽、辐射强烈、风大土薄、昼夜温差悬殊、气

候变化大的环境中成功授粉，用花瓣制作出来的一个迷你温室，以此邀请蝇类和蓟马进来取暖和进食，进而帮它传粉。

细看绿绒蒿的花部，也迎合了访花者的习性。下垂的花朵里拥有长柱头，给熊蜂访花提供了理想的抓握点。个头粗壮、身体多毛的熊蜂，可以在山脊附近严酷的天气中快速飞行，以便寻找温暖的绿绒蒿花朵餐厅。一旦发现目标，便迫不及待地进入，用前肢紧紧地握住花药，翅膀的振动，使得花粉颗粒从花粉囊中释放出来，被熊蜂长长的体毛捕获。当它在下一朵花里重复这个动作时，就为绿绒蒿完成了授粉。熊蜂在花朵里收获的花粉颗粒，也会用来喂养它们地下巢穴中的幼虫……如此你好我好，互惠互利。

因为美丽，因为是藏药，绿绒蒿目前面临的最大危险，来自人类——绿绒蒿野生种群存在过度采挖的问题，导致绿绒蒿属的许多物种面临生存困境，目前绿绒蒿属大多数种已处于濒危状态。毛瓣绿绒蒿，2000 年被列入一级濒危藏药材；尼泊尔绿绒蒿为公约附录三级保护种；红花绿绒蒿为国家二级保护植物，等等。而绿绒蒿对生存环境要求甚高，人工引种驯化工作在我国处于刚刚起步阶段。

迄今为止，我还没有机会亲眼目睹绿绒蒿的芳容，但这并不妨碍我对这离天最近花朵的喜爱，也不妨碍我对它如数家珍，更不妨碍我对着照片进行描摹，所以，这两朵纸上绽放的绿绒蒿，是我对这种坚韧瑰丽植物的预习，也是我用行动向绿绒蒿表达的敬意。

# 家有仙客翩翩来

最初，"遇见"仙客来是在郭沫若的诗里："请不要说我们是来自外洋，来到中国就成为土生土长……一位姑娘叫我们是兔子花，怕是花瓣和兔子耳朵相像。"

在郭老这首近乎大白话的诗里，我知晓仙客来和"洋火""洋芋"一样是舶来品，它的故乡和我们远隔重洋。只是，那时候很好奇，和兔子相像的花，会是什么模样？

参加工作后，在单位举办的年宵花展上，我终于见到了仙客来。待看清它的长相后，有了一丝遗憾，把仙客来花比作兔子耳朵，太缺乏诗情画意啦！

在我眼里，仙客来分明是御风而至的仙女，裙袂飞扬，嫣然成画。这似乎也吻合她的音译名，据说，"仙客来"这个名字，是国画大师张大千根据其英文名Cyclamen音译而来，我喜欢这样的音韵和意境。

在我家，仙客来一直被唤作"小仙"。

前年立秋后，我在花盆里撒下十几粒小仙种子，这种子来自上一年春节时进驻我家的一盆仙客来妈妈。

知道小仙不易出苗，因此颇下了一番功夫：温水浸种、合理深埋、黑膜遮光、沁水湿土。

一个多月后，才有肉粉色的叶芽钻出盆土，头上戴着一顶黑褐色的种壳小帽。她是那样的纤细柔弱，仿佛见风就折。那些天，一下班我就跑去阳台上照料，怕这些"纤纤细腰"被阳光烤蔫，怕她们被虫子吃掉，怕小苗子被风吹倒……

担心从上面浇水冲坏小仙，我会把自来水接好晾置一整天，然后把整个陶盆放进去沁水，这"盆浴"可是挺特别的待遇呢，别的植物我都安排它们"淋浴"。

许是要报答我的细心吧，小仙们齐刷刷地往高里蹿，一天一个样，摘帽了，胳膊腿儿变粗了，叶子也一天天大起来、绿起来，继而，叶面上出现了美丽的斑纹，像是从童年进入美好的少年。

我数了数，我播种 16 颗，出苗 12 颗，还真给我面子。

花盆里渐渐变得热闹拥挤起来，望着长得瘦瘦高高的小仙苗，再不忍心间苗也要动手了。这可真是件细心活，几株小仙在我轻手轻脚地分苗移栽后，不几日竟然仙逝。

可能是盆土的问题吧。无比内疚中，再次翻阅资料。这次，我按照腐叶土：壤土：河沙以 3：2：1 的比例配置好盆土后，再邀请小仙入驻。怕小苗营养不良，又施入少量的腐熟饼肥和骨粉作基肥。

进到新家的小仙，果然一天一个样。左一片新叶、右一片新叶，向我表达它们的欢欣。我不敢大意，浇水依然采用沁水法，中午阳光强烈时不忘给它们覆黑色遮光膜。平时，哪里通风透气就把它们搬去哪里，霜冻后，又搬进室内。

12 月初，最大的一颗小仙，孕育出第一个花蕾。

从一蓬童话般的圆叶间，高高地升出高达十几厘米的花茎，花茎顶端是低头向下的花蕾，娇羞而优雅。远观，像正在沉思的美丽天鹅。

第二天中午，我下班后发现，小仙已经完全绽放，原本下垂的花蕾，扭头向上。锦缎似的花瓣面向阳光，熠熠生辉，像仙女飞扬的裙裾。

花盆里，"天鹅"的数量每日都在增加，风吹叶动，裙裾飘飘。家里的餐桌、几案和窗台，都成了"仙女"们炫美的小小舞台。

去年春节，全家人在小仙轻舞飞扬的"舞步"中，欢喜度过。

养好小仙的关键是控水，需要随干随浇，浇则浇透。冬季花期里，房间温度若低于10℃，"仙女"们该被冻"感冒"了；若低于5℃，不死也伤，能否活命都已经成为问题啦。尽管如此，小仙还是愿意和暖气、空调保持一定的距离。暖气片上、空调里的热风，只会让仙客来很快脱水，她才不愿意被风干呢。

小仙开花时，就不要施肥了，否则引起枝叶徒长，会缩短小仙的寿命。

照料好了，小仙的翩翩舞姿，会长达四个月呢。

# 芍药的情事

春末，大概是一年中最舒服的季节，白天阳光煦暖，夜晚清爽宜人。气温尚未燥热，雨季也没有来临。无蚊虫叮咬，无蝉声扰人。一切，都刚刚好。

百花园开始变得寂寥。花儿早春时分显现的姹紫嫣红，纷纷香消玉殒，那种山呼海啸般的能量，悄然化作绿色的汁液，流向叶子，流向根，流向一天天长大的果实。

就在我感叹绿肥红瘦的时候，我看见了它们，一方青石旁，一丛芍药恣意摇曳，像下凡的仙女，千娇百媚得让我的呼吸都有些急促了。

情不自禁地走过去，弯下腰来与它对话。绿油油的革质叶子，参差交互，闪烁出碧绿的光芒。可此刻，它们是底色，也是背景，为的是托举出两朵娇艳的大花和一支含苞的花蕾。

丝丝清香，飘在空气里。缎面一样的大花瓣是水红色，由花心向花瓣色彩逐渐变浅，直至过渡到白。花朵中心，是一丛明黄的花蕊，森林一样的雄蕊侍卫般守护在五枚矮胖的雌蕊四周，热热闹闹，黄得炫目。十余枚花瓣簇拥在花蕊旁，不显单薄，也不繁复。是我喜欢的姿态，是我喜欢的颜色。

浑身沾满花粉的蜜蜂，在花蕊间俯身、低眉，和花蕊亲吻，它比

我更懂得如何爱慕芍药。

心情激动起来，恍惚间以为又回到早春，回到牡丹、郁金香、榆叶梅、海棠们竞艳的春天。环顾四周，分明绿多红少，并无"百卉千花共芬芳"的场面。

猛然想起时令，也想起芍药的一个别名：婪尾春。婪，贪婪也，尾春，自然是春末，连起来就是：芍药贪恋春天，于是在春末绽放。这和苏东坡先生的"多谢花工怜寂寞，尚留芍药殿春风"，有异曲同工之妙。

芍药果真贪恋春天么？芍药可不这么看自己，它一直和温度谈恋爱，暮春的温度恰好可以获取它的芳心。再说，大家一股脑都挤在春天里绽放，其他季节该有多寂寞！所以，一定是给芍药取名"婪尾春"的人，自己在恋春呢。

和"婪尾春"相比，我更喜欢芍药的另一个别名：离花。

《诗经·溱洧》有："维士与女，伊其将谑，赠之以芍药。"

讲的大约是春末的一次郊游，成就了一次艳遇。他和她牵起手，在溱河、洧河边上观光赏景，临别，已是你侬我侬。他赠她一支芍药，将惜别之情，全写在芍药花上。

她从他手里接过芍药的那一刻，想必也有"桃花潭水三千尺，不及汪伦送我情"的心思吧。

从《诗经》里走出的芍药，给这次艳遇画上了句号。至于艳遇之后的故事，《诗经》里没有下文，如果真想知道，就去问芍药吧。因为从此，芍药花获得了"将离""离花""将离草"等芳名。好多时候，我们明明知道世上没有不散的筵席，但真正到离别时，却很难做到释怀。幸亏有芍药花可以做信物，让分离和念想都有了寄托。

芍药，还有一个好玩有趣的名字，叫"气死牡丹"。

单从花朵来看，牡丹和芍药，难分伯仲，一样的雍容，一样的娇艳。只不过，牡丹是木本，芍药是草本；牡丹花早开，芍药花迟开；牡丹花低调，隐在枝叶间，芍药则高调，花开时高出叶子很多。因为这个，有人竟说芍药好显摆，努力争宠，于是把脖子给伸长了。

诗人刘禹锡也不喜欢芍药，不仅不喜欢，还有些蔑视。有诗为证："庭前芍药妖无格，池上芙蕖净少情。唯有牡丹真国色，花开时节动京城。"

瞧，刘大诗人夸牡丹时，竟顺带损了一下芍药和莲花。这让我觉得刘大诗人在对待花儿这件事上，有些趋炎附势。同样是花，没必要厚此薄彼嘛，芍药和莲花又没有得罪你。

或许是受了诗歌的影响，有人自作主张，让牡丹做了花王，芍药屈为花相。李时珍也曾附会：群花品中以牡丹为第一，芍药为第二。真想不通，药王如此划分的依据是什么，尺有所短，寸有所长，哪里来的第一、第二呢？

也有人替芍药鸣不平。看啊，芍药开花时，牡丹已落英缤纷，该不会是被芍药给气死的吧？肯定是的，好！那就把芍药唤作"气死牡丹"吧。

哈哈，"气死牡丹""气死牡丹"！当这个名字一遍遍从我嘴巴里呼出来时，竟有晴雯撕扇般的酣畅淋漓。

芍药后来变得炙手可热，该去感谢一个叫"四相簪花"的典故。

北宋科学家沈括的《梦溪笔谈·补笔谈》载：北宋庆历年间，名臣韩琦因推行新政被贬扬州。原本失意的他因此多了些空闲，也多了几分雅兴，常在府内花园莳花弄草。一日，韩琦到园中赏花，见一芍

药茎秆上长出四个枝杈，每枝一花，花瓣殷红，中间一圈金黄的花蕊。韩琦很是惊奇：此花难得一见，若与朋友共赏之，岂不快哉？便想立即邀约三位宾朋一同赏花，以应一秆四花之祥瑞。其时，扬州城有两位才俊，其一名叫王珪，另外一位是王安石，均才华出众。韩琦心想，花有四朵，人只有三个，未免美中不足，随便请个人来吧，怕辜负了奇花。踌躇之际，忽有一人来访，此人名叫陈升之，也是一位名士。韩琦大喜，遂四人齐聚花前赏花弄墨，品酒吟诗。末了，韩琦把四朵奇花摘下，每人头上簪了一朵。

故事的出彩之处在于，此后三十年间，韩琦、王珪、王安石、陈升之四人，竟先后都做了大宋的宰相，应验了"花相"之意，这就是广为流传的"四相簪花"。

韩琦花园中的奇花，因为形似身穿红色官袍、腰系金色腰带的宋朝官员，后人取名"金带围"，也称"金缠腰"。

此后，但凡做官者，都以能观赏到"金带围"为升官的吉兆。民间也以讹传讹：说是若出现了"金带围"这种芍药，当地就要出宰相了。

神乎其神的"金带围"，使得芍药头顶上从此紫气环绕，飘浮着吉祥富贵的云朵。

听完这个典故，我的第一印象是，这是四位矫情的男子。喜欢花朵非要摘下来拥为己有吗？四个大男人，每人头戴一朵芍药花的画面，想想都很滑稽。但志趣相投之人相约赏花吟诗的雅聚，很对我的胃口。

后来，我专门百度了一下"金带围"。

从图片上看，名叫金带围的芍药，花瓣的颜色都是粉红色的重瓣花。所谓的金腰带，自然是黄色的雄蕊，只是，这雄蕊没有长在花心部位，而是长在花朵的"腰部"，将花朵一分为二。换句话说，在本

该生长雄蕊和雌蕊的花心位置，却长出了花瓣。

　　站在植物学角度看，"金带围"是"雄蕊瓣化"演变过程中的一个状态，算是一种返祖现象吧。就像我们在现实中很少见到毛孩一样，"金带围"在现实中碰到的几率也不大。

　　花朵的本质，其实是变态的叶子。雄蕊，来源于叶子，而花瓣，

是由雄蕊变来的。在较原始的花中，没有花瓣，雄蕊完全裸露。慢慢地，植物为了吸引昆虫传粉，尝试着将外围的雄蕊变宽增长，甚至给这些变化后的雄蕊，涂脂抹粉以增加其魅力，直到花药的痕迹逐步消失。植物发现，在做了这些改变后，昆虫"媒人"果然更愿意接近雄蕊了，于是加快了雄蕊变瓣的脚步——更宽，更长，更艳丽。最后充分瓣化，就形成了我们和昆虫眼里千娇百媚的花瓣。

在这个进化过程中，有的品种因外界或自身的原因，会在外瓣与变瓣之间，残留一圈正常的雄蕊，就像一圈金色的腰带。

"金带围"就是返祖回到了那个时期的演化状态。也就是说，它其实是没有完全瓣化、正走在雄蕊变花瓣的半道上。

至此，用不着我说，大家也能看得出来，"金带围"与能否升官发财一点儿关系也没有。

但不可否认，"金带围"引出的芍药佳话，给我们平淡的日子，增添了许多的趣味和希冀。

# 6

# 银扇摇摇　银币飘飘

朋友去欧洲旅行，回来时带给我一个钥匙扣。

透明的树脂里，封印了一把半透明的银色小扇子。视线瞬间被拉直，一时间爱不释手。凭直觉，它一定不是手工艺品，而是植物身体上的某个部位。果然，朋友说知道你喜欢植物，特地选了这个。这是银扇草的"果荚"，欧亚大陆随处可见的自然佳丽。

赶紧上网查询。当银扇草的叶、花、果一一展现在我眼前时，心里的喜悦，也被这小小的银扇，扇起了波澜。世间，真有如此奇妙有趣的植物哦。

银扇草的花叶并不出奇。椭圆形的叶子稍显粗糙，叶子边缘是不规则的锯齿状，叶面和叶背，密生有粗糙的绒毛。不止是叶子，银扇草的全株都长有粗毛。花朵只有两种颜色，紫红色或者白色，开花时暗香浮动。这种十字花科的植物，拥有简简单单的四枚花瓣。花朵谈不上娇艳，走的是清新淡雅的路线，模样有点像我们常见的二月兰，只是颜色不同。

银扇草仙气飘飘的颜值，来自它的角果果荚。早春，银扇草开花了，附近的空气里，开始荡漾起淡淡的花香。紫红色或白色花朵，沿圆锥花序自下而上绽开一张张笑脸，花后，这种草便开始了艺术

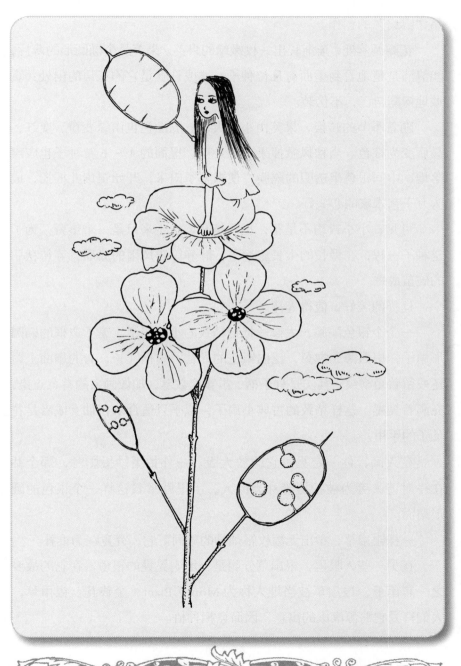

品"银扇"的创作。

花瓣凋落处，渐渐长出一枚嫩绿的果荚。果荚是个椭圆形的薄片，能清清楚楚地看到里面有几粒种子。这或许就是它的花语的出处：真诚地裸露自己，不伪装。

随着季节的转换，果荚由小变大，它的颜色也由绿变粉、变红，最后变为棕色。当秋风掀掉果荚的外壳，里面的 4 ~ 6 粒种子也应声落地，中间银色半透明的隔膜，便裸露了出来，开始银扇儿摇摇，成为万千艺术家的心头好。

可见，小小银扇不是花，也不是叶。它生来只是一个垫背，为了送种子一程，在漫长的生长旅途上，静静等候风雨的磨砺，等待秋后的破茧成蝶。

这样的美好，值得等待。

一个个银色隔膜，太像一把把精致的小蒲扇了。镶了边框的椭圆形扇子，扇面薄如蝉翼，泛出银色的光芒。扇柄纤长，有的扇面上，还残留着短横纹，其实是种子柄，虽寥寥数笔，却像画家的有意点染，充满着美感。这样精致的古典小扇子，似乎只适合拿在仙女或者是花仙子的手里。

在人间，你一定见过它的放大版。户外拍婚纱摄影时，那个站在一对璧人旁为被拍摄者补光的人，手里就举着这样一个银色的圆形扇面。

一株银扇草，举出无数枚银灿灿的扇面。它，究竟在为谁补光？

在另一些人眼里，银扇草分明是一堆明晃晃的银币。在它的故乡之一东南亚，银扇草被当地人称为 Money Plant、金钱花、银币草，人们喜爱它财源滚滚的寓意，因而竞相种植。

我不知道国内哪里种植有银扇草，想必其是容易成活的。因为这种草，就在我国邻居的土地上繁衍生息。1901 年，银扇草的种子追随一位姓合田的教授，从法国移居至日本，开始在樱花岛国上翩翩起舞。从此，它有了个日本名字——合田草。

　　在网上，我看到银扇草分明就是网红草。朋友说，这种花材，凭着冰魂雪魄的独特颜值，在欧洲花艺界十分流行。原来，它也会为艺术和美补光呢。

　　瞧！新娘的头花、捧花、项链、耳坠、婚礼桌饰，等等，都有银扇草的参与。简单几片银扇草，就能搭配出自然野趣般的梦幻婚礼。我特别喜欢用银扇草点缀的花束，那些摇曳在花束里的银扇草，宛如流转在花丛中的翩翩蝴蝶，带着白月光的清辉，美得仙气缭绕。

　　说到银扇飘摇，不禁想起大诗人杜牧的诗："银烛秋光冷画屏，轻罗小扇扑流萤。天阶夜色凉如水，卧看牵牛织女星。"与诗中宫女的悲苦不同，银扇草摇曳而出的，既非愁绪，亦非冷凉，而是大自然的奇思妙想，是生命闪闪发光的样子。

　　闲暇时，我喜欢把玩银扇草钥匙扣。一看到银扇草，心就呼啦啦地飞了起来。

# 耐寒坚韧雪莲花

　　最早结识雪莲，是在《书剑恩仇录》中："海碗般大的奇花，花瓣碧绿，四周都是积雪，白中映碧，加上夕阳金光映照，娇艳华美，奇丽万状。""二十余丈外都能闻到它芬芳馥郁、幽幽甜香。"金庸笔下，雪莲惊艳绝美，当它和香香公主喀丝丽一同现身时，天地为之失色，美艳不可方物。男主角陈家洛冒死攀上悬崖，只为采摘到它……

　　毕竟是小说，多了极致的夸张和煽情，和现实里的雪莲有很大不同。倒是清人赵学敏在《本草纲目拾遗》中，用寥寥数字，就勾勒出了雪莲的生境、外形和性格，比较接地气："大寒之地积雪，春夏不散，雪间有草，类荷花独茎，婷婷雪间可爱。"

　　雪莲，其实是高山雪域花卉的统称，光是名字里含"雪莲"两字的植物，就有 30 多种。我国有 40 多种雪莲，多分布在新疆天山、阿尔泰山、昆仑山等地，四川巴朗山也有少量分布。新疆雪莲、绵头雪莲、水母雪莲、雪兔子、三指雪兔子等，都是雪莲，它们生长在人迹罕至的高山雪域或流石滩上，是植物中耐寒坚韧的典范。0℃左右发芽，3℃～5℃时开始生长，幼苗可抵御 −21℃ 的低温，一年中，可供生长的时间，其实只有两个多月。

　　雪莲大多相貌平平。如大伙熟知的天山雪莲，好多人觉得它就像

一朵打开了的包心菜，和小说中的娇艳华美不沾边。大部分雪莲开花时也散发出浓郁的气味，但不一定芬芳怡人，一些雪莲的味道甚至刺鼻呛人。雪莲清楚，自己只要迎合传粉昆虫的口味就够了，至于人类，最好不要招惹他们，离他们越远越好。

　　身处高寒地带的雪莲，在御寒保暖方面，也是下足了功夫的。通常被人误认为是花蕊的紫色半球体，其实是花朵，具体点说，是球形花序。一个球形花序上，集中居住了上百朵小花。花序的周围，拢着十多瓣玉白色或淡绿色的半透明膜质苞片，一个个小温室似的，在抵

御寒风的同时，也让部分阳光透射进去。茎叶上长着厚厚的茸毛，甚至花瓣上也密生茸毛，全身上下，好像裹着一床毛毯，既能御寒保温、减少水分的流失，又能反射掉高山上强烈的阳光辐射。

对于人类来说，冰雪中傲然绽放的雪莲，它的精神疆域更为宽广。雪莲的产地空气稀薄，气候奇寒，几乎终年积雪，一般植物难以驻足。唯雪莲立足雪域，开花结果，是执着、刚毅、坚韧不拔的强者。

这些年，雪莲被人们津津乐道，被贪婪者荼毒，更多的是源于它们是传说中的仙草，是神药。国人对雪莲的了解，大多来自武侠剧。雪莲，总是在主角生命攸关的紧要关头现身——受了刀伤、剑伤、钝器伤，采雪莲吃。内力和功夫想即刻骤增，吃雪莲吧。电视剧《天下第一》中，成是非中了毒蜘蛛的毒，导致心智水平不断下降，而解药，唯有天山雪莲……

有需求的地方就有买卖，有买卖就有杀戮。据媒体报道，20世纪五六十年代，在天山海拔 1 800 米左右的地方，就可以采到雪莲，当时全疆雪莲面积大约为 5 000 万亩。而现在，在海拔 3 000 米雪线之下，根本找不到雪莲的芳迹，全疆雪莲面积退化到不足 1 000 亩。而自然条件下，雪莲种子繁殖的成活率低，并且人工繁育艰难。雪莲从种子发芽到开花结籽，至少需要 3 ~ 5 年的时间。

事实上，把雪莲的功效神化，只是非法盗挖者销售雪莲的噱头。中国医学科学院药用植物研究所张本钢主任说，雪莲就是一味普普通通的中草药，主要用来治疗风湿，有一些滋补作用，但也有相当的毒性，若长期大量服用雪莲，会对人体造成伤害。

濒临灭顶之灾的雪莲，已经被列为国家二级濒危植物。如果再不制止神化雪莲，采取有力措施制止滥采滥挖，雪莲，迟早会离我们而去。

# 欲望藏红花

3 月初，寂寞了一个冬天的土地，被一些细而尖的绿叶和花蕾撑破。起初，花蕾和叶子都瘦瘦的、小小的，不怎么起眼。花蕾大概因深冬里闷得太久，一使劲便蹿出一大截。慢慢的，花蕾身上的光芒，完全遮盖了身旁蒜苗一样的叶子。等它长到拇指肚那么粗时，便绽开六枚花瓣，里三枚外三枚，交互层叠，一个个漂亮的高脚酒杯，便亭亭玉立在大地上。这花儿酒杯高寸余，比人类宴席上用的优雅多了。杯里，伸出来三根红艳艳的"吸管"，是的，三根，可以供三只蜜蜂同时"饮用"。

一阵风过，紫色、白色、紫中透白的"酒杯"觥筹交错。推杯换盏间，春色，便流溢了出来。

俯身细瞧，三根"吸管"在花杯的底部融合成一根，插进三根橘黄色毛茸茸的"管托"里。原来，这根分三丫的红色吸管，是番红花的雌蕊，身旁毛茸茸粉扑扑的"管托"，是花儿的三根雄蕊。

大名鼎鼎的藏红花，就是这"酒杯"里那一根根红色的"吸管"，说具体点，是雌蕊的三根柱头。所以，藏红花，肯定不是字面意思上显现的"红色的花朵"。并且，它也不是原产于西藏。藏红花的母亲番红花，老家在欧洲、地中海和中亚等地。之所以叫藏红花，大概是

因为在秦汉时期，藏红花跟随张骞沿地中海岸从印度和伊朗起身，第一站进驻的是我国西藏，后又从西藏出发，足迹才遍布全国的。

前年看电影《疯狂动物城》时，里面的一个情节让我对藏红花有了好奇——兔子警察刚上岗便接手了哺乳动物失踪案，她一路追查过去，发现绵羊副市长预谋篡位狮子市长，竟偷偷给一些肉食动物注射了藏红花药剂，使得动物们野性大发，动物城一时间杀气腾腾。

热播剧《甄嬛传》里最歹毒的桥段，应该是后宫嫔妃间争宠时用藏红花让怀孕的对手流产，下手重则会让对方永远失去生育能力。看罢，让人不寒而栗。

藏红花，面目果真如此可憎？

然而，遍查古今中外关于藏红花的资料，无一支持这一观点。李时珍在《本草纲目》中给藏红花下的定语是：味甘，平，无毒。"出西番回回地面及天方国，即彼地红蓝花也。元时以入食馔用"。后入药，治"心忧郁积，气闷不散，活血。久服令人心喜。又治惊悸"。

在这些文字里，我看不出藏红花哪里可憎。相反，它入药可散郁、活血，还可入佳肴，都是些与人为善的品质。

小心拂去落在西方古籍上的尘埃，藏红花即刻光芒四射。古西班牙人称藏红花是"红色的金子"，阿拉伯人仰其为"天堂的味道"，伊朗人说它是"帝王之色"，印度人称赞它是"使女人美丽的花"……如今，藏红花依然是世界上最好的染料、最棒的调味品、最高级的香料和最贵的草药。说它贵，是因为想要获取1克（对，是1克）干燥的藏红花，大概要从200朵番红花里人工采摘后，剥离干燥。

在欧洲许多烹饪大师的眼里，藏红花是料理时的秘密武器。西班牙的海鲜饭、法国的马赛鱼汤、英式蛋糕，还有意大利的米兰烩饭，

都少不了藏红花的参与，它那独特的香味和点石成金的染色效果，让这些菜肴熠熠生辉。

武则天对藏红花是心存感激的。因为她在宫中得六朝御医叶法善的真传，以藏红花为"君药"，铁皮石斛、灵芝二味为"臣药"制成的养颜秘方，让她在此后的五十年里一直容光焕发、神采奕奕。"故着胭脂轻轻染，淡施檀色注歌唇。"每日里粉饰娇颜的胭脂，也源自藏红花。

现代药理研究后，列出了藏红花一连串的功效——花蕊中含有的藏红花酸、藏红花素和藏红花苦素等，具有较强的抗癌活性，能够改善心肌供血供氧能力，提高机体免疫力……

至此可见，《疯狂动物城》和宫斗剧《甄嬛》中，有关藏红花的那些邪恶用法，毫无科学道理可言。

细细想来，不管是电影里的肉食动物，还是生活中的某个人，如果突然间发狂或者使坏，大多不会是因为一种植物，而是因为心中的欲望。

# 9

# 西番莲的心机

一

上帝在创造西番莲花朵时，一定是费了许多心思的，他有自己的想法。

多年前，第一次在西双版纳植物园看见她的时候，视线瞬间被拉直，时间亦仿佛停止。对着花愣了好久，才举起手里的相机。

在一大片摇摇晃晃迎合蜂蝶的花儿中间，她是那样出众——色彩、结构、姿态，以及我后来了解到的智慧。瞬间，我领教了一个词："艳压群芳。"

她看起来繁复之极，有花萼、花冠、雌蕊、雄蕊、花蜜、蜜腺盘、子房、花托，等等。这个多层次、多材质的混搭高手，还别出心裁地设计了一个流苏花边的副花冠，层层相叠，环环相扣，像一个把无数财宝穿戴在身上的印度新娘，浑身上下写满了神秘和诡异。

一个从花心处呈丝状辐射伸出来的圆盘，颜色沿花丝经历了三种变化，远看是一组彩色同心圆，从里到外依次是深紫、雪白和瓦蓝，仿佛放射蓝紫光芒的太阳。外圈瓦蓝色的丝状花瓣左扭扭右弯弯，丝丝缕缕皆俊俏，仿佛刚刚在发廊里做了"发尾烫"。

这个俏丽的圆盘，是她的副花冠。

从圆盘中心伸出来的五个黄艳艳的雄蕊连同上方三根紫红雌蕊，是佩戴在"发卷"中央的"皇冠"——这"女王"，是天生的。

整朵花非常有立体感，侧观如宝塔，似重楼，层层惊奇。

按说，植物是非常惜力的，在保障能够长出种子、传宗接代的前提下，大多数植物会将花器官尽可能简化，譬如：水稻、小麦、谷子和高粱等禾本科植物的花朵，既没有萼片也没有花瓣；常见花朵马蹄莲和洋绣球也没长花瓣，被人认作花瓣的部分，其实是苞片；南瓜花和黄瓜花的花朵里，要么缺雄蕊，要么缺雌蕊，是单性花……

西番莲不厌其烦地制造出如此多且复杂的部件，每一样都需要耗费能量哪。她是怎么想的？

讲解员说她叫——西番莲。

潘金莲？！当我听到西番莲时，脑海中突然蹦出这个人间美女的名字。

一朵花，一个女子。果真有这种对应？潘金莲的上辈子，该是西番莲吧。你看她一颦一笑，有西番莲的韵致，出众的美貌，似乎也有西番莲的影子。

和我的视角不同，16 世纪在南美洲丛林中发现西番莲属的西班牙传教士，在这种攀援草本上则发掘出了宗教象征意义——西番莲植株，完整描述了耶稣受难时的场景。

五枚花瓣和五枚萼片加在一起是 10 片，正好是耶稣 12 个门徒里的 10 人。少去的两人，一个是叛徒犹大，另一个是因怯懦三次否认和耶稣相识的彼得；最高处的三根雌蕊，是镶进耶稣身上的三枚钉子，已被鲜血染得紫红；耶稣身上有五处流血的伤口，恰好对应不同方向

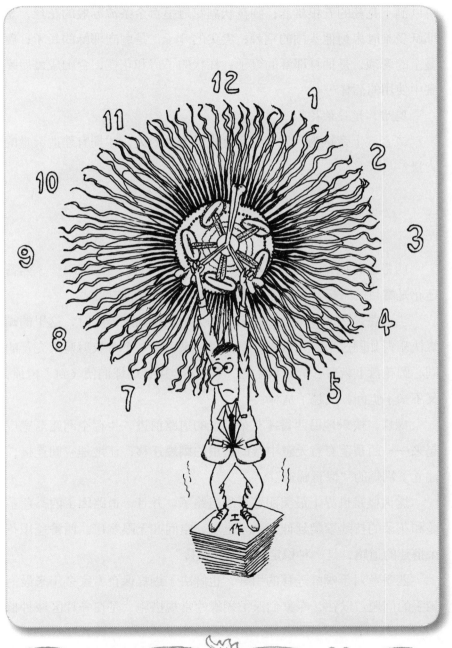

可以洒下花药的五根雄蕊；圆盘状副花冠里百余条流苏般的花丝，是耶稣受难时束缚他头颅的荆棘；尖尖的叶子，是刺向耶稣的长矛；藤蔓上的卷须，是抽打耶稣的鞭子；杯状的子房和花托，合围成最后晚餐中使用的酒杯……

磨难，是一朵花？

或者，上帝认为，只有经历过地狱磨难的人，才拥有建造天堂的力量？

二

西番莲花把自己打扮得艳光四射是有原因的。在蝴蝶眼里，西番莲花是醒目的路标，是蜜源，是给蝴蝶翅膀添力的加油站。

当西番莲在故乡南太平洋岛屿的大树丛中向上攀爬时，这里的蝴蝶快乐得如同过节。无数蝴蝶喜滋滋赶来，在一个个放射蓝紫光芒的同心圆花盘上就餐、嬉戏和休憩。不知不觉中，蝴蝶们便飞到了树顶，又不知不觉间，飞越了丛林。

蝴蝶，快乐地沿西番莲花朵铺就的道路前进，生存空间逐渐宽广起来——西番莲有意无意中帮助这里的蝴蝶迁移，让地理空间连接，建立了蝴蝶的"保育廊道"。

这大概是世界上最美丽芬芳的道路了。并且，道路因了西番莲茎蔓和花朵的持续攀爬延伸而永无止境，空间亦无限宽广。西番莲用花朵搭建的道路，是一种稳定的动态"链接"。

西番莲对于蝴蝶迁移的引导，也解决了蝴蝶保育专家多年来最为棘手的问题。以往，专家们保护蝴蝶的常规措施，是在一片区域种植

许多蜜源植物，吸引蝴蝶前来。但是，蝴蝶的过度集中，减少了该区域内很多低蜜源植物授粉的机会；若不幸遭遇天灾人祸，蝴蝶们将全军覆没；蝴蝶生活区域的狭窄，也影响了蝴蝶种属的健康发展。

健康的生命，需要在"低质量区块"分散生存，而非在"高质量区块"里去集中。

在我眼里，这条空中美丽"廊道"的建设者和使用者应该都很愉悦，都值得我羡慕。西番莲在尽力向前向高处攀登时，有翩翩蝴蝶的一路鼓励和陪伴。蝴蝶呢，因为有美丽的空中加油站，可以不停地超越自我，抵达新天地。

# 三

说起来，西番莲对蝴蝶既爱又恨。

爱的是蝴蝶可以为自己传粉，恨的是蝴蝶后代太贪婪。

蝴蝶喜欢把卵产在西番莲的叶子上，卵一旦孵化，即变身饕餮狂徒，逮啥吃啥。胡吃海喝一番后，西番莲的叶子、茎秆甚至是叶芽、花芽，便伤痕累累。西番莲进行光合作用的绿色工厂因此几近瘫痪，性成熟亦受到影响。

频频遭受重创的西番莲不得不想法子对付。

慢慢的，西番莲发现，蝴蝶在产卵之前，会对叶片先做一番检视，仔仔细细，不厌其烦。一旦蝴蝶发现叶子上已经有一粒卵，那么，这位妈妈就会放弃在此地产卵。因为她明白自己孩子的饭量，如果再产下另一枚卵，待到卵都变身幼虫时，此地的食物肯定无法同时供养它们，"狼多肉少"嘛。

　　西番莲茅塞顿开，终于使出了防御大招。她让自己的叶子长出了淡黄色小球状的突起物。这小东西模拟蝴蝶卵的本领惟妙惟肖，足以让蝴蝶妈妈信以为真并且绕道而行。为了让自己的孩子不输在起跑线上，蝴蝶妈妈会飞走选择其他的"产房"和"幼儿园"。

　　插播一下，被大家叫作西番莲的，在《中国植物志》中的记录是 P. coerulea，也就是说，这是一个名叫"西番莲属"的大家族，所谓的"时钟花"、鸡蛋果等等，都属于西番莲家族，当然，这个属还有其他的西番莲花，只不过普通百姓大多直呼属名：西番莲。

　　有些西番莲属的种类，会"借刀杀敌"。这种西番莲在叶脉上的腺体位置分泌出甜甜的蜜汁，这些可口又营养丰富的大餐，很适合蚂蚁的胃口。前来赴宴的蚂蚁也很讲义气，吃饱喝足后，会自觉担当起西番莲保镖的重任，随时捍卫"主人"的权益，奋勇歼灭那些刚刚从卵里孵化出来的幼虫。

　　聪明的西番莲还会使出落叶抗卵奇招。你有本事前来产卵，我就让你的"产房"枯萎脱落。腺脚西番莲更绝，她让叶子表面上长出成排的钩状毛刺，蝴蝶幼虫在叶面上攀爬时会被牢牢勾住，脱身不得以至于困死。

　　也有一些西番莲属的植物在暗中用力，她们在自己的叶子中掺杂进好几种有毒物质。西番莲在叶子中掺毒，其目的不仅仅是对付蝴蝶的后代，她们，还要防御食草动物的侵袭。

　　叶子尚未成熟时，其中的毒性就已经可以让昆虫止步，一旦长成，毒性复杂而强烈，足以让前来觅食的哺乳动物譬如兔子、牛羊等失明或者患癌！

　　蝴蝶在经历过一两次"断子绝孙"的教训后，就再也不愿意在西

番莲叶子上建造"产房"和"幼儿园"了。

借由艳丽外表和工于心计的生存策略，西番莲的身影，逐渐遍布广大的欧洲山区。

# 四

绿肥红瘦的丛林里，西番莲耀眼的副花冠，犹如一展绚烂的旗帜，指引着昆虫的眼睛。此刻，西番莲也备好了"大餐"，准备随时款待前来赴宴的"媒婆"。

蝴蝶、蜜蜂相继赶来，在旗帜的引领下，准确地降落在"停机坪"副花冠上。

雌雄蕊下方，花朵正中央浅绿色的部分，是西番莲的蜜罐子。蜜罐子其实是一个杯形的花托，香甜的蜜汁大餐就盛放在花托底部，上方覆盖着一层可以保护花蜜的脆弱的膜质盖子。

早上9点，刚刚绽开花朵的西番莲，将三根柱头高高举起，远远地高出底下的五根雄蕊。不仅如此，西番莲还可以旋转柱头的朝向，以防止花粉落到自家柱头上，尽管这样非常省时省力，但她情愿给媒婆报酬，接受远方的花粉，也不愿意搞近亲结婚。

中午过后，西番莲花朵完全开放，三根柱头逐渐下垂，穿插进五根雄蕊的缝隙间，并且低于雄蕊。与此同时，五根雄蕊翻转，使其带有花粉的一面朝下。花药与副花冠的垂直距离约2厘米。

着陆在副花冠上的蜜蜂或蝴蝶，稍事休息后，很快沿紫色蜜腺环找到了蜜室入口，毫不犹豫地将口器插入蜜室吸食花蜜。在昆虫进餐的过程中，昆虫身上从其他西番莲花朵上背来的花粉，轻而易举地被

这朵花的柱头吸走。

一旦花柱授粉，西番莲即刻指示雄蕊的花药开裂，花粉雨又一次洒落在进餐者的背上，吃饱喝足了的昆虫在下一朵花上就餐时，西番莲借助"媒婆"完成了异花传粉。

完全不用担心三根柱头偶尔会沾染到自己的花粉。大部分柱头都是六亲不认的，只会接纳外来者，这种"自交不亲和"也是大部分西番莲属植物的共同特征。

当然，也有例外。若一直下雨或是传粉昆虫被其他事情羁绊腾不开身，有些种类的西番莲便会使用一种叫作"自体自花传粉"的机制，避免自己绝后。

# 五

在我眼里，西番莲花朵更像一台时钟，时针、分针、秒针一应俱全，连刻度都一丝不苟。只是，它的时间是凝固的。我不清楚，它把时间停留在了欢喜还是悲伤的那一刻。

美洲印第安人传说西番莲是掌管白天天神的女儿，她继承了父亲的热情，洋溢着灿烂笑容，如花朵般美丽，如阳光般明媚。

黎明时分，睡梦中的西番莲被一阵奇异的声音吵醒。她看见河边有位翩翩少年在戏水。西番莲轻移莲步靠近，发现少年也笑吟吟地望着她，一见钟情的爱情怦然开花。然而，少年是黑夜之神，只在夜间出现。因为爱，西番莲自此便在白天里分分秒秒地细数时间（一根根花丝），渴望着夜晚的来临，好见到英俊的黑夜之神。

至于美少女与美少年的结局如何，传说没了下文。

我宁愿相信百香果是他们爱情的结晶，白天天神的女儿和俊美的黑夜少年一定生出了 Passion Fruit（热情的水果）。不然，我们何以在一种水果里可以品尝出一百多种水果的口感和香气？何以吃一口百香果，就能吃出热情的感觉？

　　去厦门开会，朋友递来一枚像椰子一样用来喝的百香果——一个鸡蛋大小、紫褐色、皱皮的椭圆形水果，上插一吸管。吸一口，百般滋味在舌尖上缠绕，那是混合了菠萝、石榴、芒果、香蕉、草莓、柠檬、酸梅等水果的滋味，酸爽甜香，回味悠长。从此，竟然爱上了这种热带水果。

　　这也是我第一次对一朵花大为惊叹后，又迷上了她的果实。

　　朋友说，还有一种几乎无酸味的黄金百香果，咬一口，是满满的香甜味道。很遗憾，我没有尝过，我也并不认为去掉酸味的甜蜜，就是好味道。

　　后来翻看资料，得知专家通过化学分析，发现紫色百香果含有 70 多种风味物质，黄色种的风味物质多达 165 种！其中的丁酸乙酯、己酸乙酯、丁酸己酯和己酸己酯这四种物质提供了菠萝、石榴、柠檬、酸梅等等水果的香气和口感。百香果不仅口感独特、香味浓郁，还有益于保护视力、止咳、减少焦虑、助眠，等等。

　　回到西安后，每年秋天，我都会网购几次百香果，有时直接喝，有时加入蜂蜜牛奶喝，而后，像一只勤劳的蜜蜂，在植物间或是在键盘上"飞来飞去"，感受生活的百种滋味。

# 10

# 玉兰花香果异

历练了整个冬天，3 月，白玉兰花儿率先跃上枝头，将芳香递送给身边经过的每一缕风。睡醒了的蜜蜂寻香而来，嘤嘤嗡嗡，诉说着自己的喜悦。玉兰树的叶子，此刻，还静静地躺在灰褐的枝条里。

木兰园里，几十株玉兰几乎是在一夜间，争先恐后地举出白色的花朵。甜丝丝的花香，氤氲在空气里，将我、蜜蜂、踏青人以及四周的廊亭、花柱和水域，全都笼罩在它的香味里。

香花不艳。的确，在灰白天空的背景下，白色的玉兰花儿并不起眼。没有艳丽的色彩，没有娇媚的外形，没有恣意的张狂。那些白色的花蕾，裹着毛茸茸的外衣，在灰褐的枝头，呈现出最本质的天然素净，含蓄而羞怯。只有在花瓣张开的刹那，玉兰花才释放出人见人爱的芬芳。

当然，外表欠佳只是我的看法，玉兰花对此有自己的理解——有香味就足够了。它才不在乎自己的长相是否俊俏。

对植物来说，花朵的色彩和香味只是引诱昆虫传粉的手段，而昆虫对花朵的喜好，有的只认颜色，有的只凭花香。花朵只要满足其中的一种要求，就足以传播花粉，繁衍后代了。

当初，玉兰花释放花香的本意，只是为了指引刚刚睡醒的蜜蜂，将花粉交给勤劳的蜜蜂，自己传宗接代的大事就搞定了。

但后来，玉兰发现，人类比蜜蜂更喜爱自己的醇香和素净——少女会将含苞待放的玉兰花别在胸襟，让楚楚的玉兰花香，随风一路铺陈开去；大妈大婶会摘下新鲜的玉兰花瓣，洗净后掸上一层细细的白面，再裹上用面粉和小苏打调好的糊，下到温油里炸，末了还会把晶莹的冰糖碾粉撒在花瓣上，一道酥炸玉兰，吃起来香甜可口，有股春天的味道；三姑六姨则将玉兰花瓣收集晒干后，做成干花花袋，头疼脑热时，闻闻就可以缓解；重要的，园林设计者，会将玉兰树列入庭院和道路绿化的名单之首，孤植、列植和片植……

有了人类的喜爱，玉兰树的身影很快遍布大江南北。

闻过玉兰花香的人，想必都清楚那是一种怎样的清新和优雅。然

而经过春风和炎夏的洗礼，8、9月份，纷纷站立枝头的玉兰果，脱胎换骨般，显出另外一种风格。它们没有统一的长相，长短不一、胖瘦随意，疙里疙瘩，曲里拐弯，像麻花，像蜈蚣，像小狗、小猫、小鸟……极尽幽默夸张。说白了，玉兰树拥有一群奇形怪状的"孩子"，它们身穿玫红色的衣裳（假种皮），"衣服"一旦破裂，会露出里面红艳艳的果实。

满树红色而畸形的果实（聚合蓇葖果），其实包含着玉兰树细腻的心事，包含着它的生存智慧。

玉兰花瓣绽开后，花里的雌蕊先熟，大约36小时后，雄蕊成熟并释放花粉，而此时，雌蕊已经丧失了接受花粉的能力，这便是植物界的"雌雄异熟"现象。

玉兰花让雌蕊和雄蕊错时成熟，目的是避免较为低级的自花结实。自花结实大概类同于我们人类的近亲结婚，后代的致畸率很高，优良性状也很难延续。

早春时分，受低温影响，蜜蜂们大都缩手缩脚，若开花时再遭遇倒春寒，媒婆蜜蜂几乎集体罢工，加上玉兰花还有较强的自交不亲和特性，这些因素一起作用的结果，就是玉兰的一个雌蕊群里，只有少数雌蕊能成功获得另外一株玉兰树上的花粉。

一朵花里，一个密匝匝螺旋状着生的雌蕊群上，只有接受了异株异花花粉的雌蕊柱头，才能发育成果实，而那些没有受粉或勉强接受了同株异花花粉的柱头，会慢慢败育——部分心皮不完全发育。

所以，玉兰果长着长着，就变得"幽默"起来，七扭八歪。好在，这形象并不影响优秀基因的传递，加上人类的大量养护，玉兰树在传宗接代方面一直是高枕无忧的。

# 似花非花　羽衣甘蓝

羽衣一词，最早出现在《史记》里，《汉书》中也有记载，颜师古对其作的注解是"以鸟羽为衣，取其神仙飞翔之意"。有正解，有引申。张晓风在散文《母亲的羽衣》中写道：而有一天，她的羽衣不见了，她换上了人间的粗布——她已经决定做一个母亲。在作家心里，仙女与人间女子之间的距离，仅仅是一件羽衣。

我对两种身披"羽衣"的植物颇有好感：羽衣茑萝和羽衣甘蓝。喜欢它们，与仙草无关，喜欢它们茎叶间或骨子里弥漫的仙气。冬天来了，羽衣茑萝日日凋零，乘鹤仙去，暂且不表。

走在冬日的大街上，目光不时会被街角花坛里一丛丛娇艳的"花朵"吸引，在北方萧瑟的冬季，这些玫红、深紫、粉白、淡黄的"牡丹花"异常耀眼，令看到者精神为之一振。硕大的"花瓣"、明媚的色彩，俨然一朵朵摆放有序的牡丹花，在灰头土脸的街道上，不畏严寒地站成一帧帧"油画"。冷冰冰的街道，因了这些葳蕤的花，陡然充满生机。

这个季节，北方最缺乏的，就是鲜活的花朵和傲视寒霜的勇气了。

貌似牡丹花的冬季尤物，正是羽衣甘蓝。说起甘蓝，你我都不陌生，大多数人叫它卷心菜，是平常人家餐桌上的常客。当圆头圆

脑的甘蓝不再卷心，当它在叶缘绣出丝丝缕缕像鸟羽、像珊瑚、像蕾丝的皱褶，当它从莲座样的叶心泛出玫瑰红、牡丹粉、优雅紫或明黄、雪白的颜色时，它身上的羽衣，算是竣工织好了。所以呢，披了"羽衣"，梳妆打扮后的羽衣甘蓝，其实和我们经常食用的蔬菜甘蓝，是一家子。

在我眼里，甘蓝的美，来自它懂得改变自己，懂得怎样去迎合人类对于美丽的欲望。

甘蓝为了生存，也为了达到自己扩充地盘的目的，它愿意与人合作，从叶子的形状、色泽乃至质感，一步步变成了人们想要的模样——牡丹花儿一样的容貌。不是所有的甘蓝都愿意这样改变呢。

在看似低眉顺眼的配合中，甘蓝依然有心机地把最美的姿态留在了冬季，它似乎也清楚，叶牡丹（羽衣甘蓝的别名）毕竟不是牡丹，在百花齐放的春季，自己是缺乏竞争力的。而选择在冬季"盛开"，则需要拥有比寻常植物更坚强的意志，拥有愈寒愈美丽的外表，具备强大的抗寒本领——羽衣甘蓝的确做到了可以忍耐 −10℃的低温，而且能抵御短时间内十几次霜冻而不枯萎。如果养护得当，羽衣甘蓝可以从当年 11 月持续美到翌年 3 月，让人生出"此物只应天上有"的感慨。这种仙到骨子里的风韵，没有植物能够超越。

也就是近十多年，北方人像发现新大陆一样，发现了这种耐寒且美丽的植物，于是，人们大力繁殖羽衣甘蓝，热情邀请它们走上街头，装点冬日的街景。这么想甘蓝的时候，连我也吓了一跳：一直自以为是的人类，在甘蓝的眼里，也不过是它的传播工具！

其实，被大家看作牡丹花瓣的部分，是叶子，与它的传宗接代毫无关系。走近细看，就能看见羽衣甘蓝叶子边缘的羽状浅裂，裂

片参差覆盖，彼此褶皱，像是镶了一圈波浪形的蕾丝花边，而且是彩色的。外部的叶片依然蓝绿，俨然一双大手，鞠捧出花朵般俏丽的叶叶心心。

这种变化和圣诞节时常见植物"一品红"一样，属于植物学上的叶变态，但正是叶子的这种"华丽转身"，让羽衣甘蓝从此摆脱了被人吃的命运，优雅栖身于观赏植物的行列。

羽衣甘蓝当然也会开花。它把自己的生长周期设定为两年，第一年进行营养生长。被我们看作花朵的部分，是植株的营养体叶子，也是可以当作蔬菜入口的部分。第二年开春后，进入生殖生长期，植株整体长高，随后从叶子中心蹿出一支高高的花葶，开花结籽，传宗接代。

羽衣甘蓝的花朵，并不漂亮，甚至，与花朵般的叶子比起来有点寒碜。并且，无论营养体多么娇艳，它们开出的花朵，都是清一色、小小的四瓣黄花，外形很像油菜花。

叶子不必不如花，深以为然。

# 12

# 石竹的防御盾牌

第一次知道石竹花这个名字，是在一部外国小说里。故事只记得个大概，但文中带动故事情节走向高潮的石竹花，从此深深地烙印在我脑海里。

男主人公爱上了一位女诗人，收藏她的所有作品，给她写信，无论是赞美或是批评诗人的诗作，都透出无比的虔诚。终于，男主人按捺不住对女诗人的崇拜，在信中倾吐了爱慕之情并希望能够一睹芳容。在他的强烈请求下，他俩约定在某个酒吧相见，届时女诗人将在胸前佩戴一朵粉红色的石竹花。结局像所有引人深思的小说那样，在预料之外，也在预料之中——女诗人，成了他的妻子。

说到石竹，知道的人不多，但提起康乃馨，无人不晓。其实，这两者是一家子，同属石竹科多年生草本。康乃馨寄托对母亲的思念和爱戴，其故事，却来源于石竹。

说东北大山中住着一户三口的石姓人家，儿子名叫石竹。家里很穷，不幸石老汉在一次进山挖药时摔死了。从此，石竹妈每天挖药去换粮食，掺和着野菜吃。因为营养差，石竹从小患上了尿炕的疾病，长成十七八岁的大小伙子，也无法提亲娶媳妇。

石竹妈着急啊，她每天都去挖药、试药、为儿治病。一年，两年，

三年，在第三年春末，老母亲爬了一天山却一无所获，她哭了，眼泪落地变成一朵花，在花仙子的指引下，花到病除。儿子痊愈后，娶了媳妇，再也不要老妈奔波劳累了。

花草治病的消息不胫而走。后来，这花也治好了所有和石竹类似的乡亲的病，大家便叫这种花为"石竹妈的花"，叫来叫去，缩减为"石竹花"。至今，石竹花仍是一味中草药，对主治小便淋漓涩痛有特效。

在我家乡的田埂坡畔，夏季，石竹花开得到处都是，大红色居多。那时，我们不知道它的大名石竹花，都叫它"火绒花"，花瓣茸茸的，花朵像一簇簇火苗，直晃眼睛。

工作后与各种植物打交道，见多了奇花异卉后，反倒更喜欢石竹花那简单的美丽。五枚转笔刀笔屑似的花瓣，开在一个平面上，花瓣或纯色或复色渐变，都是那样的艳丽夺目。"石竹花开照庭石，红藓自禀离宫色。"一个"照"字，让人即便是隔了电脑，也能感受到石竹花的璀璨。

石竹的茎叶长得极像竹子，茎间有节，膨大似竹，且多生在山石堆里，故得名。

小时候，外出回家，常常会采一把石竹花插在水瓶里。那时候很奇怪在石竹花瓣的下方，有一个特别坚硬的筒状结构，像是花瓣插在袖珍花瓶里。

现在想想，这个花瓶状的萼筒，有可能是石竹花拒绝盗贼的防御"盾牌"。

先看看豆科植物长豇豆花的可怜遭遇吧。白色至浅黄色的长豇豆花，富含蜜汁，然而在它开花时，却常常遭遇熊蜂盗贼。熊蜂虽然也

是一种蜂，但是只适合给花朵较大的花传粉，豇豆、蚕豆等较小的花朵，只有受它欺凌的份儿，且无还手之力。

熊蜂的口器有很强的咬合力，面对豇豆之类的小花时，即刻露出强盗无耻的一面——咬破花萼筒直接吸食花蜜，而不遵循动植物间的公平交易——吃花蜜，帮助花儿传粉。

可怜被熊蜂盗过蜜的花朵，失去的岂止是花蜜？花儿们就此一命呜呼，更谈不上传宗接代。

那么，植物有没有办法防止熊蜂的盗蜜行为呢？科学家到现在还未真正找到答案。

或许，聪明石竹那坚硬的花萼筒，就是防止熊蜂盗食花蜜的盾牌。

# 13

# 看"客"下菜

春天，到处充溢着植物的欢歌笑语。

在花儿美妙的歌声里，蜜蜂、蝴蝶和甲虫们摩拳擦掌。哪里有花朵，哪里就有昆虫纷飞的身影，不管此时地上是否还有积雪，也不管气温是否为初春的乍暖还寒。

"蜂恋花""蝶恋花"都只是站在人的角度看问题，植物，会怎么想呢？

植物们，其实很有自知之明：生活在这个不适宜期望同情和无私援助的世界里，没有付出，而去乞求昆虫们的恩惠，肯定是徒劳的。

为了让蜜蜂、蝴蝶们恋上自己，植物可是费了不少心思——为花朵涂脂抹粉、乔装打扮、放送香味，还有，向昆虫提供栖息地与活动的场所……

植物清楚，如果只采取色彩和香气等宽泛的广告手法，大多数情况下，是很难长期吸引昆虫传粉的。因此，植物学会了大方地为"媒人"支付"酬金"——分泌花蜜、生产大量的花粉，给昆虫提供信息素材料和树脂等营巢的材料等。

花粉和花蜜，在蝴蝶的翅膀上、蜜蜂的嘴巴里，显示了植物的好客，也完成了植物的心愿：让自己中意的"媒人"，为自己传花授粉、

传宗接代。

正如不同的人有不同的恋爱标准一样，植物媒人昆虫们的兴趣爱好也不尽相同。对此，聪明的植物自有办法，会迎其所好、有的放矢，用令人叹为观止的手法，招待自己喜爱的媒人而避开那些只知享受、不思干活的家伙。

譬如，金鱼草会利用身上的器官"二唇花冠囊"来选择红娘。当金鱼草花朵成熟后，它会向周围发出气味的邀请函，昆虫们都摩拳擦掌。大黄蜂飞来后，没费多少气力，就可以把囊口撞开。然而，大黄蜂依然吃不到近在咫尺的花蜜，原因是它的体型太过庞大，被撞开的囊口快速合拢后，大黄蜂悲催的肚子，却被卡在了囊口外面。

一只身材短小的昆虫飞过来，降落在金鱼草圆鼓鼓的"肚皮"上。可是眼前的缝隙太小了，小昆虫根本钻不进去。几次失败后，小昆虫开始调整战术，用脑袋使劲撞击囊口。尽管它很卖力，但囊口却固若磐石，它只好识趣地飞走了。

当蜜蜂唱着歌儿飞来时，金鱼草的喜悦，是显而易见的——金鱼草的鱼肚形花冠囊，其大小，正是为迎合蜜蜂的身材比例量身定做的。的确，蜜蜂没费吹灰之力，就叩开囊口，探进金鱼草圆鼓鼓的"肚皮"里去了。在蜜蜂享用金鱼草奉献的美味时，蜜蜂背部带来的别朵金鱼草的花粉，正好擦在这朵花的柱头上，从而完成了异花传粉。

还有，马兜铃会用关禁闭的方式选择传粉的媒人；鼠尾草则会使用杠杆限制普通的访花昆虫，只接纳口器大小和力度大小正好吻合自己的昆虫……

聪明的植物，还会采取"控制报酬量"的方法，有效解决"供需矛盾"。植物清楚，如果分泌的花蜜量太少，来访者缺乏"说媒"的

积极性，授粉效果当然不会好。但如果花蜜量太多了，一朵花的蜜量已经填饱了访花者的胃，惰性也会让来访者止步不前，导致授粉率下降。除此以外，植物还会利用自己的花形构造、特殊气味以及只在特定的时间段分泌花蜜，来限制访花昆虫的种类——看"客"下菜，用最少的付出，换取最大的回报。

　　瞧！如此聪慧、有自知之明的植物，在"做人与处世"方面，为我们树立了多么神奇的榜样——天上从来不会掉馅饼，有付出，才会有回报。

　　智慧地付出，回报更多、更大！

# 14

# 铃兰叮咚

在秦岭，第一眼看到纤细柔美的铃兰时，我就喜欢上了它，连带着喜欢它的所有芳名：风铃草、山谷百合、君影草。一一读来，空谷仙子的气息，穿云破雾而来。

带状绿叶，簇拥着一串曼妙的乳白色"铃铛"（总状花序）。细看一朵铃铛花会发现，六片花瓣合围成一个脑袋大大的"铃铛"（合瓣花），呵护着花心部位的花丝、花药和花柱，风吹不到，雨淋不着。花瓣尖部调皮地外翘，勾勒出铃铛般娇俏的身影，雅致，秀丽。可爱的铃铛花，头朝下依次悬挂在碧绿的花葶上，高高低低，参差错落，仿佛一阵风吹过，就有天籁之音叮咚流泻出来。香味，亦从铃铛里幽幽飘出，若有若无，把它周围的空气，熏染得如诗，如画，微凉，甜香。

耳畔，似有苏小明的歌曲《铃兰》轻轻唱响：

密林小路旁／铃兰正怒放／像串串白玉的小铃／风把它摇晃……

铃兰的足迹很广，遍布亚洲、欧洲和北美，我国东北和陕西秦岭的幽谷林下均有野生。

圣经故事里，耶稣被犹大出卖后钉于十字架上受难，耶稣的母亲圣母玛利亚看到后痛苦万分，她留下的眼泪，化作朵朵铃兰。此后，基督信徒们把铃兰唤作"圣母之泪"。

铃兰花的拉丁学名 *Convallaria majalis Linn*，法语中意为"5 月的山谷百合"。5 月 1 日，浪漫的法国人不仅庆贺国际劳动节，同时也喜庆铃兰花节。这天，历届法国总统都会在爱丽舍宫主持一年一度的铃兰节仪式，各地纷纷以铃兰集市、铃兰舞会和铃兰长跑等活动庆典。1895 年 5 月 1 日，艺人马约尔会见女友时，特地在自己上衣的纽扣眼上，插上了女友送他的铃兰花，取代了传统习用的茶花。这一小小改变，被认为是法国铃兰节的由来。也有人说，20 世纪初，许多法国时装店在"五一"这天，把散发清香的铃兰花送给他们的顾客，渐渐的，互赠铃兰就成为法国人在这天必做的事。法国人相信，铃兰会让人走运，会带给人幸福。

铃兰娇俏的外观和吉祥的寓意，获取了许多人的芳心。铃兰是芬兰、瑞典、南斯拉夫的国花，是日本札幌的市花……戴安娜与查尔斯王子的世纪婚礼上，戴安娜瀑布型的手捧花里就有铃兰，配上她那几米长的白色拖尾婚纱，俨然童话里走出的仙女。2018 年，韩国影星宋慧乔和宋仲基结婚时，美丽新娘的手捧花也是铃兰。

曾经，我在朋友圈里看到过一张七彩铃兰的图片，只一眼，瞬间石化。它美得不可方物，一根花葶上悬挂的铃兰，一改素净的白色，竟然囊括了赤橙黄绿青蓝紫，像是彩虹仙子幻化而来。迫不及待地询问出处，朋友答：转发的。我在淘宝上输入七彩铃兰，竟然有好几家叫卖，很便宜，一株几元钱。下单时突然犹豫起来，我想起了七彩玫瑰和七彩菊花。无一例外的，这些花朵都以白花为基色，采用混合了花青素、胡萝卜素、叶绿素等色素的染色剂着色。显色原理如同绘画调色，很快让花瓣呈现出人们想要的色彩。

冷静下来，翻阅资料后得知，目前，世界上还没有天然的七彩铃

兰——同一花葶上开出七种或多种颜色的铃兰花朵。至于七彩铃兰这个名称以及网络上刷屏的七彩铃兰图片，只是人们的美好愿景和染色产品。

已知的铃兰主要品种有：白色的原种铃兰、变种红花铃兰、蓝花铃兰以及在白色花瓣的末梢有一小撮绿色的绿边铃兰。除非你把它们混种在一起，否则，想让一根花葶上出现七种颜色的花朵，以目前的生物技术，还是无法实现的。

喜欢伴着春风盛开的铃兰，有"君当如兰，幽谷长风，宁静致远"的味道。喜欢那串能摇醒幸福的白玉铃铛，似有幸福叮咚作响。

# 旱金莲的"广播体操"

巴掌大小圆圆的叶面上，九条主叶脉，沿叶心向四周由粗而细悠悠散开，末梢处，分生出细小的枝枝权权。细长的叶柄，从土里举出一个个娉婷的袖珍"荷叶"，它们，是在举办莲的模仿秀吗？定睛花朵，全然没有莲花的静雅，一朵朵生得妖娆张扬。红、橙、黄，三种色彩，以单色或复色花朵，泼泼辣辣地从小小"荷叶"间探出身子。这种植物，有个听起来很女人的名字：旱金莲。

是的，这个金莲不姓潘，她姓"旱"。一个"旱"字，准确定位了旱金莲的生境——不是水域，是旱地；"金"字，意指花朵的色彩：金灿灿，红火火；"莲"字，当指拥有和莲一样曼妙的叶子。

从正面看，旱金莲的花朵有五个花瓣。侧观花朵，会发现，旱金莲的花朵沿花萼向后，都长着一只角。这角，植物学上有个专用名词叫"距"。距是植物储存蜜汁的地方。旱金莲距里的蜜汁，是专门犒劳"媒人"蜂鸟的。

在旱金莲的故乡南美洲，蜂鸟是旱金莲传宗接代的御用媒人。

蜂鸟是世界上体型最小的鸟类，飞行时翅膀煽动的频率高达每秒80次，这在人看来，简直是悬停于花前。采蜜时，蜂鸟用针管一般的长喙伸入花朵中汲取花蜜，舌头每秒可以吸食花蜜或花粉20下。个

别品种的蜂鸟，舌头长得让人咋舌——足以环绕它的头颅一圈。蜂鸟最喜爱红色的花朵，特别是那种长形或喇叭形的红花。

旱金莲，就是蜂鸟在当地最青睐的一种花卉。它们各取所需，互惠合作——蜂鸟吸吮旱金莲的花蜜，满足了口腹之欲，旱金莲则借助于蜂鸟，完成了异花授粉。

有意思的是，旱金莲为了更好地适应蜂鸟传粉，会做一套自行设计的"广播体操"——八枚雄蕊挨个成熟，成熟后逐一上翘，开裂，将花粉置于"距"开口的正前方，排队等待最新鲜的花粉，被蜂鸟颈部的羽毛擦去。待花粉撒完后，雄蕊又"排排坐"轮番下降，整个过程像是有人指挥般整齐有序。雄蕊的体操课，大约可持续四天。

旱金莲明白，八枚雄蕊依次向蜂鸟提供花粉，比单个雄蕊行使使命的时间延长了8倍。这让蜂鸟从旱金莲花上带走新鲜花粉也变得更加从容。

八枚雄蕊排队降下后，原先并不起眼的花柱，此时高高挺了起来，像之前雄蕊那样，置于"距"开口的正前方。花柱顶部裂为三叉，每一叉的顶端，都有一小滴黏液，专心等待接收蜂鸟带来的另一朵花儿的花粉。

待这套"广播体操"做完，旱金莲花朵才真正完成了使命：给出了花粉，也接受了来自其他花朵的花粉。花朵萎谢，果实开始慢慢成长。在没有蜂鸟的地方，旱金莲也不介意人工为它们传粉。

旱金莲不仅是出色的"体操运动员"、亮丽的观赏草花，同时也是慷慨的食材提供者。

在旱金莲的故乡南美洲，印第安人用它来拌沙拉。旱金莲的叶子略有芥末味；花的味道更浓烈，用于制作三明治和沙拉，还可以制作青酱或是点缀汤羹。幼嫩的种子，用醋腌制后，是一味特别的调料。

　　在我国，旱金莲被称作"塞外龙井"，民间有"宁品三朵花，不饮二两茶"的说法。在沸水中，丢下两朵旱金莲花茶，茶水很快变得清澈而又明亮，还飘出淡淡的清香。随气味飘出的，还有它的药效：清热解毒，治疗咽炎扁桃体炎，美容养颜等。据传，旱金莲曾经让萧太后的皮肤变得洁白细嫩，被列为宫廷贡品。

　　夏日里，旱金莲的藤蔓，轻轻摇曳着莲一般的叶片，鲜艳的花朵里，依然井井有条地进行着神奇的广播体操。

# 16

# 致癌植物？太草木皆兵啦！

近些年，我常常会遇到这类问题：一些朋友隔三差五发过来几张盆栽植物图片，说突然看到网上说这是致癌植物，而自己家里正好就有，很是担心，要不要扔掉？一些微友甚至直接发过来链接询问，诸如："这52种致癌植物千万别放家里"，"请远离这些致癌植物"，"【图文】80种常见的有毒或致癌植物"……网络上，打着专家院士旗号发布的此类链接，此起彼伏，甚嚣尘上。更有甚者，传说佛山市一对长期种花草的花农夫妇，因此患上了鼻咽癌。

一时间，花友们谈花色变，"驱逐癌症元凶""清理门户"等呼声，大有把这些植物赶尽杀绝的意味。事实，果真如此吗？

"致癌植物？太草木皆兵啦！"

一般，我都是这样回复朋友的。

## 一、了解一下致癌的 EB 病毒

我曾经仔细查找过这种说法的来龙去脉。它源于中国预防科学院病毒研究所曾毅院士的一篇论文：《诱导 Epstein-Barr 病毒早期抗原表达的中草物和植物筛选》："筛选了 1 693 种植物（以带 EB

病毒的 Raji 细胞为实验对象），发现其中 52 种具有诱导 EB 病毒早期抗原表达的作用。"而这 52 种植物，恰好就是网传的"52 种致癌植物"。

这篇论文首发于 1992 年，快 30 年了，致癌植物的消息仍不时出现在小报、微博和朋友圈里，经常被人提起，让养花人如履薄冰，清理了家中不少"危险分子"，制造了很多花草的冤假错案。

EB 病毒，是从患有淋巴瘤的人群中分离得到的一种病毒。90%～95% 的人都受到过这种病毒的感染，但大多数时间它并不会对人体健康产生影响。

只有在外界刺激下，EB 病毒会突然"苏醒"，开始大量复制，使得细胞内部控制正常分化、增殖的信号通路产生异常，从而发生癌变。可怕的是，EB 病毒的活跃，会促进其他具有致癌作用的病毒（如 SV40 病毒）也开始活动。这时就能够在人体内检测到"早期抗原"，检测到了早期抗原，就表明 EB 病毒可能具有导致细胞癌变的能力了。

研究发现，一些植物产生的次生代谢物质可以激活 EB 病毒，使其苏醒过来，变为活跃的复制状态，这些次生代谢物因此被称为"促癌"物质。例如，从巴豆种子中提取的巴豆油，就具有很强的诱导 EB 病毒早期抗原的能力。

从以上叙述中可以看出，植物本身并不产生 EB 病毒，那么，存留在土壤中的，最多是通过落叶或根系释放到土壤中的促癌物质，是导致癌症的帮凶，而非主谋。

所以，网传的这些植物"含有致癌病毒"以及"土壤中残留病毒"的说法，就毫无根据。听风就是雨，错杀无辜，是对科学论文的误解。

## 二、含促癌物质的植物，还可以家养吗?

　　被院士检测出来的 52 种含促癌物质的植物，还可以在自己家里养吗? 这恐怕是所有爱花人士急切想要知道的。

　　答案，是肯定的。这些植物，你不吃它，不触摸，在家里正常养护，就不会对人体造成伤害。

　　如果将植物体内的这些化学促癌物质拎出来鉴定，就会发现，它们，只不过是植物的次生代谢物，是"化学家"植物鼓捣出来的一大批结构复杂且并不直接参与植物生长发育的化学合成品。植物利用这些化合物，来提升身体抵御外界环境侵袭的能力，譬如，赶走可恶的害虫，在植物之间传递有用的信息，对付病害以及周围环境中的种种不利因素，吸引帮助自己传粉的"媒人"或者"保镖"……

　　人类对于植物的次生代谢"产品"也不陌生，橡胶、香料、精油等等，这些和人类生活密切相关的物质里，就含有大量的植物次生"产品"。

　　这些次生产品，在植物体内的含量并不高，大多数时间，它们都安静地待在植物体内，只有当植物濒临危险或肢体被损伤时，才会被释放出来。也只有当这些产物进入入侵者的身体，才会起到毒害或驱离的效果。对于养花者来说，它们只有进入人体，才有可能诱发癌症。

　　强调一下，只是促癌，并不是致癌哦。

　　有人可能要问，我平时不吃盆花、不动盆花，那这些盆花里的次生代谢产物会不会以气体的形式飘浮在房间里，从而促癌?

"抛开剂量谈毒性，都是耍流氓。"一般来说，植物防御系统的次生物质分子量较大，挥发性差。和植物体内易于挥发的酯类、烷烃类物质不同，它们多为水溶性次生物质，在含水量较高的植物体中，几乎失去了挥发能力。能够挥发到室内空气中的剂量非常小，它们对人的致癌威胁，甚至小于抽一根烟、呼吸了汽车尾气。

《植物挥发性气体与人类的健康安全》一文中，作者对位列"52种致癌植物"中的虎刺梅，进行了挥发性成分的检测，结果表明，在其挥发性物质中，并未检测到促癌成分。

所以，花友们只需要了解这些植物的属性和它们体内的毒素特点，不要触摸和口食它们，就可以毫无负担地与这些植物和平共处啦。

暂且找出其中三种我们北方室内常见的所谓"致癌植物"，听我一一分解。

# 三、滴水观音

曾经看过一篇报道，说沈阳一位 70 岁的大爷听到滴水观音是致癌植物后，忍痛扔掉养了 16 年的滴水观音，他怕别人捡后中毒，又用铁锹把滴水观音砍得七零八落。

真替这位大爷心疼，更心疼这株巨型滴水观音，能长这么大，多不容易。

亭亭玉立的滴水观音，很适宜养在室内。参差有致、形如蒲扇般的大叶子，从层层包裹的棕色叶基部伸出，泛出亮晶晶的光泽。滴水观音耐阴，硕大的叶面可以吸附空气中的尘埃和有毒气体。头天晚上浇足水，第二天起床观察叶片，一准有晶莹的"水珠"悬挂在叶尖。

即使用卫生纸吸掉叶尖上的水滴，不一会儿，这个部位又会悬挂上一粒"珍珠"，深得花友喜爱。

这是因为，原产热带雨林底部的滴水观音，可以做到像人一样"出

汗"。当它觉得湿热难耐，体内的水分过多时，就会通过自身的导管，将水分连同抵御害虫所分泌的毒素碱，通过气孔一起排泄出来，在叶尖凝成"水珠"。

这"水珠"晶莹剔透，泛着蜜露般的光泽，是滴水观音的汗珠，也是它的秘密武器。

来此觅食的小昆虫，若把这蜜露当作露珠喝了，或是不小心触碰到，都会在劫难逃。喝下去的"蜜露"，会让小动物的口舌红肿或因心脏麻痹而窒息；"蜜露"一旦挨到皮肤，皮肤立马瘙痒、红肿；眼睛如若接触"蜜露"，会引起严重的结膜炎，甚至失明……人不小心碰到了，也是一样的症状！曾经有报道说，有人见滴水观音的块状茎很白，有点像土豆，水灵灵的，想尝尝里面的汁液是什么味，就忍不住舔了一下。没想到这一舔竟招来祸端——嘴唇发肿，咽喉疼痛，舌头麻木。

其实，在植物中，植物的根茎叶里含有毒素的情况非常普遍。在广东被人称为"狼毒"的滴水观音，属天南星科植物，这一科植物中的大多数都有毒，譬如龟背竹、万年青和绿萝等。

没长腿、不会逃跑的植物，只有依靠体内的毒素，才能赶走前来掠食的害虫或者食草动物，保全自己。

# 四、虎刺梅

红艳艳的花朵，从硬而尖的锥状刺中慢慢升起来，娇嫩，妩媚，风姿绰约。春节期间盛开的虎刺梅，会给居室增添不少春色，这也是北方人喜爱虎刺梅的理由。它不怕旱、涝、阴、晒，非常好养活。

更重要的是，它的生命力超强。半年之久不浇水，晒不到太阳，

竟也能活得像模像样，枝头粉嫩可爱的小花蕾，也会次第绽放。甚至，剪断一截枝干，让它横躺在土上，也能长出根须，枝干上也会爆出青翠欲滴的嫩芽。

别名为铁海棠的虎刺梅，是大戟科大戟属植物家族中的一员，大戟属植物有个共同的特点：植株受伤后，伤口处会分泌出白色乳汁。这类乳汁是有特殊结构的二萜类化合物，有毒。这也是这类植物在进

化过程中保护自己、防止病虫侵害的"利器"。

不仅如此，虎刺梅开花时，它的花柄上还分泌出胶水似的黏液，能粘住小虫。瞧！虎刺梅够聪明吧？它会制作出保护自己免受虫害的"外套"。有经验的花工会利用大戟属植物茎叶浸渍的滤液，来防治蚜虫、红蜘蛛等花卉害虫。

虎刺梅伤口分泌出的白色乳汁，对人的皮肤和黏膜也有刺激作用，误食，会引起恶心、呕吐、下泻和头晕等。

# 五、鸢尾

我们常说的鸢尾，并非一种植物，而是鸢尾属植物的总称。旗下的德国鸢尾、鸢尾、黄花鸢尾和扁竹兰，原则上都叫鸢尾。

鸢尾属的植物花色鲜艳美丽，拉丁名 Iris 来源于希腊语，是彩虹女神伊里斯的名字，可见这鸢尾类植物的花色，如同彩虹一样绚丽多彩。一朵花上有两三种颜色很平常，是园艺界长盛不衰的宠儿。鸢尾属的"美人"，大部分都是"长裾连理带，广袖合欢襦"。

鸢尾是原产于我国的植物，花朵比德国鸢尾要小，显得更精致，花朵颜色通常是蓝紫色，向前平伸的"内花被裂片"很纤细。目前，在山西、安徽、江苏、浙江、福建、湖北、湖南、江西、广西、陕西、甘肃、四川、贵州、云南、西藏等地的山上，仍然能够找到野生的鸢尾。

网上说，鸢尾的根茎可以充当催吐剂和泄泻剂，也可入药，治疗眩晕和肿毒。食用其花、叶、根，会造成肠胃道淤血和严重的腹泻。

由此可见，这些植物是否致癌，取决于你是吃它们还是想种在

花盆里观赏。如果仅仅是后者，就可以安心地种养这些植物了。有资料显示，家庭栽种的 368 种花卉中，97% 的植物，对人体的健康都有益。

最后，强调一下与家养植物和平共处的四项基本原则——不管在家养什么花，都别入口；尽量避免零距离接触植物分泌物；侍弄完植物，一定要洗手；打开门窗，让空气流通。

# 意蕴悠远扶桑花

扶桑，扶桑，当我轻轻念出这个名字的时候，感觉它是那样的意蕴悠远。

它是神话传说中太阳栖息的神木。《楚辞·九歌》云："暾将出兮东方，照吾槛兮扶桑。"针对这句诗，东汉文学家王逸这样注释："日出，下浴于汤谷，上拂其扶桑，爰始而登，照曜四方。"史学家断定，汤谷是上古时期羲和族人祭祀太阳神的地方，是中国东方太阳文化的发源地。扶桑和汤谷，均属于古代东夷文明的范畴。这句诗更直白的翻译是：东方即将升起黎明的太阳，作为太阳栖息的神木，扶桑被照耀得熠熠发光。

李时珍在《本草纲目》中说："扶桑产南方，乃木槿别种。枝柯柔弱，叶深绿，微涩如桑。其花有红、黄、白三色，红者尤贵，呼为朱槿。"

去西双版纳开会，在我住宿的宾馆楼下，生长着一排扶桑绿篱，红艳艳的单瓣扶桑花亭亭玉立在修剪整齐的绿叶上，仪态万方。一条条细细长长的淡红色花蕊，从五枚鲜红外翻的花瓣中伸出来，像一只只可爱的小手，争抢着要和我相握，让我这个来自北方的客人，一时间欣喜不已。接下来的日子，我又见到了重瓣扶桑花。相比而言，我更喜欢单瓣花朵。重瓣扶桑花花瓣层层叠叠，花蕊也不够长，没能从花瓣里突围出来，因而少了些许清丽和韵味。

打眼一看，扶桑花和北方常见的木槿花的叶子、枝条颇为相似，脾气也像，朝开暮落，像孪生姐妹。但扶桑花看起来更娇艳。岭南一带把扶桑俗称为大红花、妖精花，现今是南宁市市花。南宁国际会展中心主建筑的穹顶造型，便是一朵硕大绽放的扶桑花。我问过好几个人，何以把扶桑花称为妖精花？有何典故？但没有问出所以然。

　　扶桑在我国被用得最多的别名，叫朱槿，原产地是中国，在我国古代就是一种颇受欢迎的观赏植物。古时妇女兴之所至，还以扶桑花簪于发间，有《佛桑》为证："佛桑亦是扶桑花，朵朵烧云如海霞。日向蛮娘髻边出，人人插得一枝斜。"对应古老传说，女子头戴扶桑花，便等同于太阳从她们的发髻升了起来。读来，眼前浮现出一幅人花相映的美丽画卷，颇有风趣，情景喜人。西晋时期的一本著作《南方草木状》中，出现了关于朱槿的栽植记载。南朝诗人江总《朱槿花赋》赞云："朝霞映日殊未妍，珊瑚照水定非鲜。千叶芙蓉讵相似，百枝灯花复羞燃。"诗人用四样最美丽的东西媲美朱槿，却发现它们都相形见绌。

　　扶桑花的英文名字叫 Rose of China，这"中国蔷薇"亦受世界上好多国家和人民的喜爱。亚洲的马来西亚、非洲的苏丹、大洋洲的斐济和北美洲的夏威夷等国家和地区，都把扶桑定为国花或是州花，在很多服饰图案上都能看到扶桑花美丽娇俏的身影。美国夏威夷州的扶桑花，更像碧海蓝天下腰挂草裙的土著美女。据说，土著女郎把扶桑花插在左耳上方，表示我希望有爱人；插在右耳上方，表示我已经有爱人了。至于两边都插呢？大概是说我已经有爱人了，但是希望再多一个。哈哈，夏威夷女郎热情豪迈的性格与扶桑花如出一辙。

　　扶桑花给我印象最深刻的地方，是单瓣扶桑花拥有的那个超长而独特的花蕊，这在植物学上有个专门的称呼——单体雄蕊。

　　花药成熟后，可以看到红色花丝上一个个球状的黄色花粉粒，这些花粉粒生长在彼此连结成筒状的花丝上。如手的雌蕊从筒状的雄蕊管中伸出来，柱头五裂，上面布满绒毛状的突起。柱头表面之所以长得凹凸不平，为的是可以粘住花粉。子房的纵切面，那一排如牙齿状的颗粒就是胚珠，受精后会发育成为种子。

　　扶桑花为何把自己的雌雄蕊长成这般模样？

　　原来，花丝合生成筒状，一来能增强雄蕊的强度，对子房和花柱有着保护作用且承受传粉者在花内移动的压力；二来花丝合生还可以将雄蕊固定在一个较为稳定的位置，使得花药接触传粉者身体的部位相对固定，减少了花粉浪费。

　　花朵上，任何器官细究起来，都有植物别出心裁的设计，都利于种属的传播大业。

# 蓝紫色的"星星"

　　初识桔梗，是在日本小说家连城三纪彦的推理小说《一朵桔梗花》里，阅读时花香缭绕，然而却弥漫着淡淡的哀愁。如同花儿背负凋谢的宿命，小说的几位女主人公都没能逃脱悲剧的结局。从此，我印象中蓝紫色的桔梗花，便是一副神秘而凄凉的容颜。

　　待真正在秦岭深处见到桔梗花时，那萌萌哒的姿态，瞬间颠覆了我的认知。

　　眼前五角星一样的桔梗花，热烈唯美。奔放的蓝紫色，沿五枚花瓣由花心向外洇开，由深而浅。花瓣上一条条蓝紫色的脉纹呈树枝状散开，如同人的毛细血管遍布花瓣。花心处洁白的雌蕊与黄色的雄蕊，恰到好处地给整个花朵带来一抹亮色，热情而纯真。

　　目光及至由五枚花瓣合围成的一个个圆鼓鼓的花苞时，我不由得叫出声来：好可爱的热气球，天生的，好萌啊！

　　桔梗的英文名字Balloon Flower，直译过来就是"气球花"，很是形象。古人称其为僧帽花和包袱花，也都源于其花苞呆萌可爱的形状。

　　李时珍在《本草纲目》中对桔梗名字的解释是："此草之根结实而梗直，故名。"清代《植物名实图考》中载："三四叶攒生一处，花未开时如僧帽。""僧帽花"一名，概由此传开。

"道拉基"是朝鲜族人对桔梗的称呼。民歌《道拉基》很多人会唱："道拉基，道拉基，道拉基，白白的道拉基长满山野，只要采上一两棵，就可以装满我的小菜箩，哎嘿哎嘿吆……"之所以是白白的道拉基，是因为桔梗的根部是白色的。根既可入药也可食用，东北人称狗宝咸菜，很有嚼劲，很受当地人喜爱。

　　《雷公炮制药性解》中记载："桔梗味辛，故专疗肺疾。"桔梗根入药，可宣肺、止咳祛痰、排脓，等等。桔梗根还有个好听又好记的名字"金心玉栏"。去药店买来桔梗药材，横切一刀，会发现，外圈（皮部和韧皮部）白色，中心（木质部或包括髓部）黄色或淡黄色。当然，有金心玉栏的中药，不止桔梗一种，黄芪、板蓝根也显示这样，但气味和药效不同。

　　其实，最令我惊叹的，是桔梗在传花授粉方面的足智多谋。

　　大约百分之八十的花都是雌雄同体。位于雄蕊上的花粉必须转移到雌蕊的柱头上，才有可能受精结果。理论上，雌雄同体的两性花，很容易就可以让自己传粉和受精。但是，大多数花朵都不会这么做，因为它们意识到这样做方便是方便，却对后代不利，属于"近亲结婚"！所以，花儿们更热衷于异花传粉。然而，桔梗花对此却有着不同的理解。

　　在花苞尚未打开前，桔梗花苞里面雌蕊和雄蕊是紧密相拥的。

　　花朵一旦绽开，花药即开裂，将花粉全部粘在毛茸茸的花柱上，空瘪的药室随即倒下。此时，踏香而来的昆虫直奔蜜汁，大快朵颐的时候，昆虫的身体上，必然会沾满柱头外的花粉。昆虫几次三番来访后，柱头上的花粉很快所剩无几。

　　花柱在散粉的同时也在不断伸长。最后，花柱顶端柱头开始五裂，

慢慢向下翻卷。

一旦进入这个阶段，桔梗花便可以接受勤劳小蜜蜂带来的其他桔梗花的花粉了。

如若不幸，这个阶段访花昆虫被其他虫虫勾搭得无法脱身，无暇光顾花柱，眼看着异花授粉无望，此时，智慧"星星"桔梗花绝不会坐以待毙。它会及时启动备用计划——将柱头进一步反卷，直到触及残留在花柱上的花粉，实现自花授粉。

这真是充满智慧的双保险，无论在何种情况下，桔梗都能够确保种子繁殖。

# 杓兰"开黑店"的烦恼

大多数植物是有自知之明的。植物既不相信"天上掉馅饼",也不会亏待昆虫"媒婆",它们会在开花前做好"功课"。植物分泌花蜜、生产花粉、给昆虫提供信息素和营巢的树脂材料等行为方式,对于植物本身并无多大用处。这些,只是植物交给传粉媒婆的"酬金"。

这显然是一场相对公平的交易,你来我往,互不相欠。大概有交易的地方就有欺骗,有些兰花,就会动歪脑子,譬如杓兰。

杓兰只想让昆虫帮自己干活,却不愿意付一分工钱(花粉、花蜜、油脂),简直是植物版的周扒皮。

在这场欺骗案件中,杓兰花朵里到底隐藏了什么秘密?美丽而又狡诈的杓兰,又会使用什么高招?

秘密,就在花朵的唇瓣,那个大而艳丽的"囊"上——杓兰的这个装置,明显不同于其他花瓣,是由唇瓣特化形成的一个小口大肚的囊状结构。

对昆虫来说,"囊"是一个地地道道的美丽陷阱。

昆虫踏香而来,大部分会主动爬进这个陷阱里,当然,也有胆小甚微者不慎一失足成千古恨,跌落到陷阱里。结果,凭借昆虫的智商,这些倒霉蛋无论如何也不能原路返回。

待昆虫掉进囊后发现，囊底什么东西也没有！囊壁更是光滑得几乎爬不上去。几番寻觅，昆虫似乎又看到了希望，因为杓兰唇瓣的后面，布满了许多彩色引导物。按照昆虫以往的经验，那是专门储藏花蜜的房间。

在彩色路标的指引下，昆虫沿着布满绒毛的"梯子"，一步步爬了上去。"梯子"基本上是一条隧道，这条隧道，也是它们想要爬出去的唯一道路。

隧道里黑漆漆的，空间狭窄，昆虫手脚并用，使出全身的气力一点点往前挤。终于，它看到了两粒星点大的光亮。

光，越来越亮，摆在昆虫面前的是左右两条"大路"。几乎不用思考，昆虫就沿着其中的一条路冲了出去。昆虫当然不知道，杓兰早已在大路两旁，分别安置了雌蕊和可以播撒花粉的雄蕊。无论昆虫走哪条路，都会先擦碰到雌蕊。雌蕊的吸力非常强大，一下子就把昆虫身上的花粉团给吸了过去。

紧接着，昆虫会碰压到路口的雄蕊，顺带将这朵花的花粉带走……

不长记性的昆虫，在下一朵杓兰花儿里竟然还会上演相同的剧情。这次，从传粉通道里出来时，昆虫背上的花粉，便轻松被这朵杓兰花朵的柱头给吸了过去。

可怜的"免费"劳动力，白白帮助杓兰进行了传粉，却没有吃上一口花蜜，哪怕是一滴糖水。难怪有人说，杓兰花是"开黑店"的。

杓兰完全背离了花儿与昆虫间友好互助的合作关系，是赤裸裸的欺骗！

在杓兰看来，自己不用为昆虫提供花蜜，就能把更多的能量用来制造种子了，它们的如意算盘打得多精啊。

当然，骗子也有头疼的时候。同大多数兰科植物一样，杓兰采取的是广种薄收的生殖策略，但这些欺骗性传粉的花朵自然结实率通常不到10%。不仅如此，种子的萌发率也很低，在人工条件下也是如此，这也成为杓兰人工繁殖的瓶颈之一。

第二大头痛事儿，是囊中进水。若昆虫刚刚进入唇瓣底部的逃生通道，却偏偏遭遇一场大雨，囊在雨中瞬间就变成了池塘，成了昆虫的葬身地，那骗来的虫子还如何传粉？

这点，"聪明"的杓兰早就想到了。杓兰让另外两片花瓣片向前弯曲，护卫着丰满圆润的囊，并且在囊口的正上方巧妙地生出一片华盖般的中萼片。中萼片像一把撑开的雨伞，有效地将绝大部分雨水拒之"囊"外。只是，这个中萼片雨伞，并不是万无一失的，囊在大雨后都会有些许积水。所以，杓兰花朵还得想方设法在雨后进行排水。

烦恼，真的是无处不在啊！

# 第三部分　树影重重

　　形形色色的树，安然地静默在四季里，成为一道道风景，并生长成我们的精神家园。树是人类历史上的"开国元勋"，无时无刻不在进行着光合作用，为我们提供生存的新鲜空气；树一圈又一圈的年轮，勾画出经历过的岁月，书写着生存的智慧，象征着顽强的生命力和不怕任何困难的坚韧。然而，好多人只看中了它的实用价值，并没有像爱护自己的生命那样，去爱护树……

# 大颅榄树的哀伤

"砰！"一声枪响后，世界上最后一只渡渡鸟应声倒地。鲜血，染红了它身边的大颅榄树。

树叶哗啦啦落了下来，落在渡渡鸟汩汩流血的尸体上。不，不，那不是树叶，是大颅榄树痛苦的眼泪。

这是1681年，大颅榄树的年轮中，永远镌刻着这个年份。

自从人类登上了非洲东部的火山岛国毛里求斯，之后，在大颅榄树不足100圈的年轮中，一群群肥硕可爱、温顺笨拙的渡渡鸟，相继倒在了大颅榄树的脚下，倒在了人类棍棒和枪口的贪欲和残忍之中。

自从渡渡鸟一个个倒在血泊中，目睹了整个惨剧的大颅榄树，从此不再有种子萌发！即使人类采用最先进的方法处理种子，也唤不醒沉睡在种子里的那一抹新绿。岛上的大颅榄树集体沉默着，像是在一直为渡渡鸟默哀。

当地一位植物学家失望地写道："看来，岛上残存的那几棵大颅榄树死去之后，它们，就要在地球上灭绝了。人类眼看着这种珍贵树种走向灭绝，竟不知道这究竟是为什么，也不知道该如何去挽救它。"

难道，大颅榄树真的被渡渡鸟的悲惨遭遇吓傻了？

的的确确，在渡渡鸟消失后的 300 年里，曾经遍布全岛的特有树种——大颅榄树日益减少。在毛里求斯岛的记忆中，从 1681 年起，只见老树一棵棵倒下，从来没有见过大颅榄树的新株冒出地面。年复一年，岛上的大颅榄树，仅仅剩下了 13 棵！

岌岌可危的 13 棵啊！大颅榄树，你真的是要追随渡渡鸟而去吗？

时光倒退到 16 世纪前。四面环水的火山岛国毛里求斯，也曾一片祥和——林木苍翠，花朵妖媚，"鸢飞戾天，鱼跃于渊"。

拥有 30 米的身高、4 米树围的大颅榄树，在岛上随处可见，高大俊朗，器宇轩昂。

幽静的林下，一群头大尾短、体长 1 米、体重约 20 公斤的渡渡鸟，一边扭动着肥硕的屁股，一边悠闲地啄食大颅榄树交给它们的果实。

慷慨的大颅榄树，它们捧出的果实是如此之多，多到大鸟们似乎永远也吃不完。

岛上，也没有大鸟的天敌。渡渡鸟们气定神闲，无忧无虑。

不用为食物和处境发愁的渡渡鸟，真的践行了达尔文的观点"用进废退"——渡渡鸟的翅膀，一天天退化了，天空里，再也看不到它们飞翔的身影。夏日里偶尔张开双翅，只是为了让自己更凉爽一些。

养尊处优的结果，让渡渡鸟失去了往日的灵巧和优雅。即便是日常的行走，都因了那肥硕的躯体，显得迟缓和笨拙。

噩梦，是随着葡萄牙殖民者首次登陆毛里求斯的海滩开始的。

起初，一群体态肥硕、步履蹒跚的渡渡鸟在岛上发现"人"这种动物时，竟毫不畏惧地凑上前去，过分热情地表达着它们对客人的欢迎。一些好奇心强烈的大鸟，甚至跳到了舢板上。

渡渡鸟天真地以为人类和大颅榄树一样美好，可以给予自己食物或者快乐，至少，可以和平相处。

渡渡鸟做梦也没有料到，它们毫无戒备的举止，换来的却是殖民者血腥的棍棒！在一帮在海上漂泊了数月的船员眼里，遍地呆萌的渡渡鸟，就是巨型的肉鸽，是一份份行走着的"大盘鸡"。可怜那些不会飞也跑不快的渡渡鸟，很快成了人类的饕餮大餐。

鱼贯而来，带着来复枪和猎狗的欧洲殖民者，残酷地辜负了渡渡鸟的满腔热情——殖民者捣毁巢穴、吞食鸟卵、猎杀鸟兄鸟妹后，残忍地拔毛火烤。

尤其可憎的是，这帮家伙竟不屑地称大鸟为 dodo——葡萄牙语"笨笨、愚蠢"的意思。

渡渡鸟的数量一天比一天少，它们肥硕的身子，被无情地肢解成人类的美食，走上餐桌，走进一张张贪婪的嘴巴里。

渡渡鸟的栖息地，也因人类的经济活动变得愈发狭窄。人类饲养的猪，甚至也会吃掉渡渡鸟产在地面的蛋和刚刚孵出的幼鸟……

总之，在见到人类不足一百年的时间里，渡渡鸟从毛里求斯岛彻底消失了。仅留下一句"As dead as a dodo"（逝者如渡渡）的西方谚语。

大颅榄树从高空悲痛地注视着这一切，却无能为力。

树们忘不掉渡渡鸟倒在自己脚下时，一双双充满恐惧和绝望的眼睛！

其实，大颅榄树的日子，也好不到哪里去——人类，也看中了它坚硬致密的木质，继而大肆砍伐。当有人开始意识到它快要绝迹时，才发现自从渡渡鸟从岛上消逝后，大颅榄树竟也患上了不育症。如是300 年后，岛上仅余下 13 棵树！

大颅榄树，你们，也心如死灰，要决绝地去追寻渡渡鸟吗？

1981 年，美国威斯康星大学动物学教授斯坦雷·坦布尔教授来到了毛里求斯。这一年，正好是渡渡鸟灭绝 300 周年。坦布尔测量了大颅榄树的年轮后发现，它们的树龄恰好是 300 年。也就是说，渡渡鸟灭绝之日，正是大颅榄树绝育之时。

在岛上，教授对大颅榄树进行了长达几个月的细致研究。他发现，这些年尽管大颅榄树年年都开花结果，但是，却没有一粒种子发芽，而且，这种现象已经持续了 300 年。是开花后没有授粉？是岛上的土壤结构改变了？是遭遇了虫害？还是因为病菌、细菌等有害生物的侵袭？

抑或，大颅榄树真的受了刺激，从此患上了不育症？

在排除了所有的猜想后，循着渡渡鸟这条线索，教授果真找到了问题所在——大颅榄树的不育，与渡渡鸟极大相关！

树为鸟提供食物，鸟为树播种，它们生死相依、唇亡齿寒。

原来，大颅榄树的种子外面，包裹着一层坚硬的外壳，种子依靠自身的力量，是无法冲破硬壳的。树种必须借助渡渡鸟强大的胃液消化磨损一部分后，才能突破重围，伸出苗头。所以，没有了渡渡鸟，大颅榄树种便无力自行萌发。

据此，坦布尔把与渡渡鸟习性相似的大鸟吐绶鸡，整整饿了一周，强迫它吃下一粒大颅榄树的果实。种子在吐绶鸡的肠胃里旅行了一圈后被排出体外，坦布尔把明显变薄了的种子，种进苗圃。不久，苗圃里真的长出了久违的绿芽！

是的，这是大颅榄树的种苗。它在沉默了 300 年后，终于绝处逢生，破壳出芽啦！

哈哈，大颅榄树惊奇地发现，这一次，人类居然帮助了它，而不再是谋害它！

然而，大颅榄树的好朋友渡渡鸟，却永远离开了它，连一架完整的骨骼都没有留下。

如今，人类只能从化石、从图片、从著名童话《爱丽丝漫游奇境记》中，感受它的笨拙与可爱，在内心描摹"爱用莎士比亚的姿势思考问题"的渡渡鸟的音容笑貌。

世界上只有少数博物馆收藏有渡渡鸟的骨骼。牛津大学自然博物馆里，那一幅看似完整的骨架，实际上是由好几只渡渡鸟的零散骨骼拼凑而成的。

大颅榄树或许有所不知，和渡渡鸟一样，永远离开这个世界的，还有太多太多。像1914年死去的旅鸽，1981年消失在的中国异龙湖的异龙鲤，1916年消逝的新疆虎……和这些物种相伴灭绝的，到现在还不清楚会增加到多少种。

是的，并不是所有类似于大颅榄树的哀伤，都能够被诊断，被治愈！

生命，存在于一张我们看不见的网中，环环相扣，牵一发而动全网。网链掉了，相邻的，何以安生？

人类，只是这张网上的一个节点，没有了其他物种的陪伴，下一个灭绝的，就是人类！

（本文荣获2016年北京市科普创客十佳作品。获奖词：启笔于一个哀婉的灭绝故事，大胆想象与科学事实有机交织，播撒启迪科学思想和科学精神的种子；耐人寻味，引人深思！）

# 2

# 柏树泽绵绵

去年暑假，在黄帝陵轩辕庙，我见到了轩辕柏。

黄帝手植柏浓荫遮地，高可凌霄。树身下围 10 米，"七搂八拃半，疙里疙瘩还不算"，果真需七八人合抱。1982 年，英国林业专家罗皮尔先生来到黄帝陵，这是他 27 个国家林业资源考察名单中的一站，没想到黄帝陵给了他惊喜。因为他发现了集中分布于桥山的世界最大古柏群和世界最高龄柏树。从此，黄帝手植柏又有了个响当当的名字："世界柏树之父。"

历经五千年风雪的砥砺，轩辕柏的树皮，已如耄耋老人的肌肤，粗粝，多皱，青筋暴突。水渠般的皱褶东奔西突，盘旋扭曲，宛若黄土高原上的沟壑。树身上的累累疮疤，已化作凹凸的瘤、坑、坎、棱，像凝固了的岩石，定格了曾经的岁月。这沧桑的语言，诉说着民族的历史、祖先的荣耀和时光的流逝。

让我震撼的，是如此苍老之躯，除了几根指向天空的枯枝外，大部分枝干竟能顶出盎然的叶子，仿佛它的身躯里，装着用之不竭的绿翡翠。无论春夏秋冬，源源不断的绿，从树干里涌出来，在天空弥漫，年复一年。风过时，枝叶扶摇，碧云涌动。

黄帝离我太遥远，可这棵柏树却分明告诉我，他离我很近。

绕树三圈，透过浓翠的枝叶，我依稀看到了这棵侧柏的身世——黄帝历经"阪泉之野三战"，在涿鹿擒杀了蚩尤，形成当时氏族部落中最强盛的华夏族，定居于桥山。由于长期的刀耕火种，桥山上的植被逐渐被毁，引得山洪频发。黄帝意识到问题的严重性后，郑重栽下一株侧柏苗，臣民们纷纷效仿。这株侧柏苗，就是我眼前的轩辕柏。

从此，"神州衍斯种，世代泽绵绵"。桥山上的柏树，一经轩辕柏的召唤，便葳蕤得铺天盖地。无数侧柏、桧柏和龙柏，将桥山装点得碧绿凝香，涛声静远。

翠柏层层叠叠簇拥的黄帝陵内，还有一棵"中州神物此为最"的千古奇柏"挂甲柏"，一样的铁骨铮铮，遒劲苍翠。比起黄帝柏，挂甲柏则灵动有仙气，一直是个神秘的话题："汉武帝刘彻北巡朔方还，挂甲于此树"。至今，这棵树上，仍能看见刘彻悬挂铠甲的"痕迹"。树皮上有无数小孔，似有断钉在内。每年清明前后，柏树汁液从小孔流出，凝结成珠，晶莹剔透，恰如汉武帝铠甲里流淌下来的汗珠。清明节过后，"汗珠"就消失不见。

陕西另有一处仓颉庙古柏群（有千年古柏48棵），位于白水县境内。和黄帝手植柏可以媲美的仓颉手植柏"奎星点元柏"，就生长在仓颉庙内。树龄和轩辕柏不相上下，树身比之略小。相传，轩辕黄帝的左史官、发明了象形文字的仓颉，去世前在此选择墓地，栽植了这棵柏树做记号。

陕西南北跨度长，气候冷热差别大。以秦岭为界，南北树种殊异。陕南的植物移栽至陕北，大多会被高原的寒流冻死；陕北的树，迁居陕南后也会因雨水过多腐烂掉。而柏树，似乎拥有超能力，不仅在陕北、

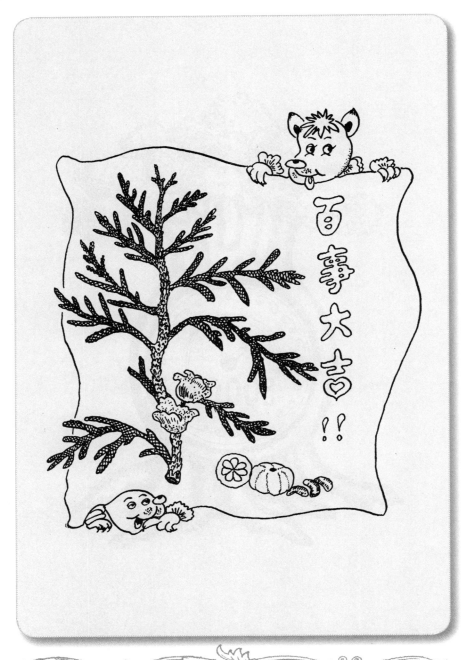

关中顶天立地，在陕南一样能蓬蓬勃勃。

在陕南洛南县，有一株树龄逾两千年的古柏树"栖霞柏"，当地人称为页山大古柏，树高和胸围均超过轩辕柏。树冠覆盖面积半亩有余，是陕西乃至中国目前发现的外形最大的古侧柏。每日里，高耸的枝叶，和白云絮语，与天风唱和。岁月从她嶙峋的皱纹里流过，积淀出母仪天下的沉稳淡定……

纵观三秦大地，处处都有崛地耸天的古柏：铜川耀州的药王手植柏、穿檐柏、挂药柏，渭南华州藏龙寺的柏抱槐，西安周至楼观台的三鹰柏、系牛柏等，不胜枚举。历史的长河大浪淘沙，而用生命见证历史的，只有古木。

这些干似铁臂、枝若虬龙的古柏，带着汉、魏、晋、隋、唐、宋、明、清的历史足音，遗存现世，成为历史风物，成为黄土之魂。在经历了几千年的喧嚣后，古柏依旧精神矍铄地屹立着，一任黄风从它们枝冠上掠过，站成一幅幅亘古画卷，福佑和影响着人们的生活。

在陕西，柏树是坚毅、长寿、有故事的树种，是为数很少的既能屹立于陕北也能葳蕤在陕南的常青树。

庙宇、祠堂和庭院里，一棵柏树就是一把巨伞，荫护着一方平安，枝叶间，挂满了故事和心愿。鸟鸣啾啾，在树的墨绿间飞起又落下，像绿波上的点点帆影；阳光荡着秋千，将柏树的清香弥散。霜雪中，器宇轩昂的柏树，让泡桐、杨柳们自惭形秽，在寒风中丢盔卸甲，把树叶片片遗落在隆冬。

有时候，柏树被沿路栽成一排或一片，用不了多久，它们便茁壮起来，勾肩搭背，成为一堵绿墙，成为阵脚齐整的哨兵。

柏树也开花，雌雄球花沿小枝的顶端，一路细细碎碎地开上去，

颇有满天星的味道。淡黄的雄球花，红褐的雌球花，像翠玉里的片片霞光，像点缀在绿空里的星星。

《诗经》唱和的年代，松柏就被先人们器重。《卫风·竹竿》里描绘的"桧楫松舟"的日子，多令人向往："淇水瀳瀳水悠悠，桧木作浆松作舟……"诗中的桧木，就是柏树。

千年古柏，与陕西特别有缘。中国的三大古柏群址：黄帝陵、曲阜孔庙、仓颉庙，有两处在陕西。仅黄帝陵周围的桥山上，就有8万多株古柏，其中树龄上千年的有3万多株，是我国最大的古柏群。成林的古柏抱岭环川，是黄土高原上最美的诗篇。

柏，与"白、百"谐音，好多地方在迎亲嫁娶、庆祝寿诞、纪念追悼等红白喜事上，依然会折一些柏枝柏叶，悬挂在门楣上祈福。柏树因而身兼象征白头偕老、长命百岁、百事亨通等多重身份。诸如"童颜鹤发寿星体，松姿柏态古稀年""松柏常青，百年好合"……

柏木极有个性，质细，气馥，耐水，耐腐。记忆中，早年间关中人用的水桶、上好的棺木、衣柜等，都由柏木做成。

小时候，我家悬挂在辘轳上的水桶，就是柏木桶，两头细，中间粗，木质暗红，桶底包铁，桶口有提梁，小巧精致。它被挂在辘轳上深入我家院子水井里取水的画面，现在回想起来，依然清晰如昨。柏木桶挂在长长的井绳上，骨碌碌滑向井底，汲满水后一圈圈用力绞上来。哗——，清凉甘甜的井水，就从地下进到我家的大水瓮里了。

我奶奶的棺木，也是柏木质地。那口棺材，比我的年纪还要大。在我的记忆中，它静静地待在我家老屋一角好多年。母亲说，那块棺木，是父亲工作后，用工资买来上好的柏木，请了当地最好的木

匠打造的。我那时还小，对死亡没有概念，所以对那口棺材并无恐惧。对我来说，它只是一件家具，是我家老屋里最气派的一件家具。当年奶奶60岁，从那时起，奶奶伴着自己的棺材，知足地度过了人生最后十几年的光阴。

柏树不浮躁，能耐住寂寞；不择土壤，不畏严寒。北方的风雪中，几乎所有的树木都失去了颜色，唯松柏挺立在严寒中，擎起一树树蓊郁的墨绿。

《论语·子罕》中，子曰：岁寒，然后知松柏之后凋也。凌寒屹立的柏树，多么像在逆境中一身正气、敢于担当的北方人啊！

# 秋日"栾"歌

　　当时光的脚步从炎夏步入秋天的时候，一些树明显按捺不住内心的悸动。

　　雁翔路上，两排高高大大的栾树，不知何时偷偷裁切下阳光，给绿树冠织出了金灿灿的衣裳，映得街景和树下的行人都亮闪闪的。

　　鸟雀在黄灿灿的小花间穿梭，呢喃：莫不是大树要送给我们皇冠？叽叽喳喳，嘻嘻哈哈，当它们在芬芳的枝叶间展翅跳跃时，真有金色的小"皇冠"落在鸟雀的翅膀上，额头上。

　　这小黄花个性。金黄的四枚花瓣，集中长成了半圈。没错，是半圈，像皇冠。第一次从地上捡起栾树花朵时，我以为捡到了半朵花。

　　栾树的花瓣不像油菜花那样两两对称，平分空间；花瓣也不老实，没有斜向上伸展，而是像瀑布那样垂下，花蕊从另半圈袅袅娜娜伸出来，和下弯的花瓣一起，构成了一个俊俏的S形。在花瓣反转处，形成了皱褶似的鳞片。这鳞片可是花朵上的神来之笔，是蜜蜂前来觅食的灯塔。花朵成熟时，鳞片由黄变红，红得恰到好处，像皇冠上镶嵌的一圈红宝石，俏色，夺目。

　　秋天的傍晚，我喜欢在这条路上散步，看栾树在沉寂了春夏两个季节后，突然爆发出的魅力。一阵风儿摇醒了小花的梦，轻轻一旋，

便飘洒起细碎的黄花雨，像唐诗，像宋词，像它诗意的英文名字"Golden Rain Tree"（金雨树），一滴一朵，一朵一咏。

相比之下，栾树一名就显得晦涩难懂。我曾经在古籍里找寻答案，到现在依然云里雾里，倒是看到了栾树曾经的地位。

栾，最早现身《山海经》："有云雨之山，有木名曰栾。"紧接着却解释道："黄本，赤枝，青叶。"单是前两项，就说明此栾非栾树。我比较赞同《说文解字》里的说法："栾木，似栏。"栏者，今之楝字。"记忆中，楝树的奇数羽状复叶和眼前栾树叶子的长相相似，科属方面也算得上是近亲。后来，在《救荒本草》中看到过类似的说法，只不过这本教人在荒年里如何讨食的文字，还附加了叶子的味道："叶似楝叶而宽大……叶味淡甜。"读罢，对栾树又亲近了几许，心想，叶味果真淡甜吗？哪天摘一枚新叶尝尝。

春秋《含文嘉》一文提到栾树时，像是给树木论资排辈："天子坟高三仞，树以松；诸侯半之，树以柏；大夫八尺，树以栾；士四尺，树以槐；庶人无坟，树以杨柳。"在一个等级森严的时代，树木也要分出个三六九等。墓中是皇帝还是庶民，看看坟头栽种的树木就知晓了。士大夫的坟头多栽栾树，可见栾树那时待遇不低，属树木里的官僚阶层，普通百姓故去后是无权消受其庇护的。

如今好了，城市里的树木早已回归植物本身。它们被邀请现身街道的树池里，现身广场和绿化带，现身花园小区，是城市的肺，吸尘，吐氧，降噪，增香，和城市里的所有人一起呼吸。树木不用贴上高贵与低贱的标签，不必论资排辈，也不必讨好人类。如果非要分出个高下，怕只有个人的喜好了。

我爱草木，在我认知的坐标里，秋天的树木中数栾树最美。十多

年前，当栾树初次在这座城市里飞黄飘红时，我的惊喜无以言表：世间竟有如此韵致的植物！那是中秋前后，西安西大街隔离带上，大片大片波澜壮阔的红果，让身旁电线杆上的大红灯笼黯然失色。金黄、翠绿与嫣红相映，山峦起伏般一片连着一片，向着远处的西城墙逶迤而去，如盛装的明星，惹眼，霸气。一阵风过，簌簌簌飘起黄花雨，飘起丝丝缕缕的香气。金黄嫣红的花瓣雨，飘落在大树脚下行进的车辆上，飘落在行人的发梢衣裙上，飘落在青石地砖上。弯腰捡起一朵，依然鲜活明艳。瞬间，我便恋上了栾树。

回到家翻阅资料后，忍不住给晚报撰文，呼吁城市街头多多栽种栾树。本是我国乡土树种的栾树，有颜值，有内涵，抗污染，几无病虫害，既适宜站立南方，亦可昂首北方……

当栾树的小红灯笼亮起来的时候，黄花还在，绿叶依然。一棵树，三种颜色，叶翠，花黄，果红，色彩过渡得法，如一帧帧油画。单看一株栾树，花儿络绎不绝，早开的花已洒落，甚至圆鼓鼓的果子都涨红了脸，新花依然冒出来，你方唱罢我登场，挤挤挨挨，热热闹闹。

雁翔路上，栾树用树冠绘制的油画，能炫美两个多月。

和大多数植物对花期的理解不同，栾树的时间观念和集体观念，真让人束手无策——它们从不步调一致地开花和结果。即便是同一条街巷里的栾树，花期相差一两个月也稀松平常。瞧，东家的果实已招摇过市，西家的小黄花才羞涩地探出头来。

当大多数植物挤在春夏喧腾着开花送香时，栾树不动声色，它要把所有积攒的气力，施展在秋季。经过两个季节的沉寂和孕育，栾树在秋天，终于把自己站成了最美的模样。像天赋异禀之人，平日里无用武之地，就静心做平头百姓，一旦有了时势，会突然间成为英雄。

之前，他普普通通，是因为还没有到他的花季。

一个"秋"字，拆分为二，一半是绿莹莹的"禾"，另一半是红艳艳的"火"，活脱脱就是绿中摇红的栾树。这半树的"红火"，自是栾树上很快冒出来的蒴果，它们，红灯笼般精致、美艳，甚至有趣。

近距离端详红灯笼，栾树聪慧的小小心思，就充盈在圆乎乎的果囊里。三瓣半透明的果皮，围拢成三棱形的囊泡，有的前端还开着小口，像个鼓满风的小房子。每次走到栾树的泡泡果前，我都忍不住想用手去捏一捏，用嘴巴对着小口吹一吹。栾树将蒴果长得如此"卡哇伊"，大概是想让房间里的种子自带气球吧。或者，是想让果实在成熟开裂后，干燥的果瓣变身滑翔翼，携种子飞得更远。

想起清朝诗人黄肇敏的诗："枝头色艳嫩于霞，树不知名愧亦加。攀折谛观疑断释，始知非叶亦非花。"是的，当栾树的蒴果被秋风染红，恰如红云当头。只一种树，便囊括了秋色。

如我所愿，后来，这座城市里的栾树逐渐多了起来，这里一排，那里一片，秋天上街，不经意间就和温暖喜气的栾树撞个满怀。蓝天白云、高楼大厦映衬下的栾树，美得不可方物，不由得心头欢喜，步子轻快。多姿多彩的身影，柔化了楼房和马路的坚硬，润泽我的眼，滋养我的肺，牵引我的双脚，一步步走近它们。

看到栾树，哪里会生出"自古逢秋悲寂寥"的感慨？栾树身上分明写着——"我言秋日胜春朝"。

# 遇见菩提树

看起来普普通通的样子，细细的主茎上，互生着几十片绿叶，无花，亦无果。

不普通的，是它的身世。它来自印度，它的母亲，是当年释迦牟尼在树下坐化涅槃的那株。2015年春末，它辞别母亲和故土，接受了特殊的宗教仪式后，和印度总理莫迪一道，飞越千山万水，抵达古丝绸之路的起点——西安。

大雁塔脚下，唐代高僧玄奘曾经藏经、习经的大慈恩寺里，莫迪双手捧着它，当着我国国家领导人的面，郑重赠予大慈恩寺。那一刻，宝寺庄严，梵音可闻。

它，是一株小小的菩提树。

2015年5月14日，我在新闻照片和电视上看见过它。捧在莫迪手中的它，包裹在金灿灿的花钵里，盆土上覆盖着一层玫瑰花。

那时，我眼中的它，肩负一个国家的使命，"衣着"华美，像个美丽高贵的仙女，住在云端，可望而不可即。

没想到的是，几天后，它即从云端"下凡"，洗尽了铅华，站在和我相邻房间的实验台上，静静地接受副研究员王庆的悉心照料：换盆、浇水、施肥，有时候，会安排它住进模拟的原生境中……像照料

一个婴儿。

"当初来的时候，身高 10 厘米，只有 6 片叶子，主干绿色。经过一年半，叶子增加到 30 片，身高已经 1.3 米，生出来两个侧枝。主茎已完全木质化，成了褐色。"王庆一边转动花盆，好让背光面的叶子能晒到太阳，一边说，"西安和原生境最大的不同，是温湿度。咱们这里冬季室内有暖气，温度没有问题，但湿度太小，夏天也一样。"

阳光开始抚摸菩提树的叶背。在明亮的光线里，会看见每一片叶子，被一组平行的叶脉分隔成羽毛的样子，像是时刻准备着飞翔。

菩提树热带雨林的身世，注定了它无法适应地处北温带西安冬季的严寒，何况它还那么小。于是，在两国国家领导人会晤和赠送仪式后，这株菩提树被"寄养"在和大慈恩寺相距 5 分钟车程的陕西省西安植物园，由植物专家呵护它成长。专家们有这个能力，也有经验。

在西安植物园的老温室里，还生长着一株高高大大的菩提树。按族系，大小菩提树是一家子，只是辈分不同。

大菩提树，也是释迦牟尼悟道树的嫡系后代。1954 年，大菩提树的母亲，作为珍贵的外交礼物，跟随当年的印度总理尼赫鲁访华，被赠予毛泽东主席和周恩来总理，之后，便一直定居在中国科学院北京植物园的温室里。

30 年后，这株象征国家友谊的菩提树，诞下一株小苗，落户在西安植物园温室。小苗的出生方式和它的母亲相同，都是从自己母亲的身上取枝条扦插繁育而成，不同的是，母亲的母亲，是当年释迦牟尼冥想时为他遮风挡雨的那株。

如今，身处西安植物园老区温室里的菩提树，身高已超过 10 米，出落得庄重、伟岸，风度翩翩。光滑的树干，褐中透出紫红，最粗处，

需一人合抱。枝条旁逸斜出，翠绿的心形叶，错落有致地笼满树冠，有种只可意会的神秘和肃穆。有游客在树干和枝条上绑了花花绿绿的纸币，为自己和家人祈福。

温室里没有风，只有阳光穿过高大的玻璃幕墙，缓缓流进茂密的枝叶间，雅致的心形叶子，用碧绿的色彩留住了光，有种他乡是故乡的静谧。

每每走近这株大菩提树，我都忍不住思量：若是在户外，有风拂过时，菩提树叶子们究竟会发出怎样悦耳的梵音？想那 2 500 年前的释迦牟尼，究竟是怎样在菩提树下历经七七四十九日，战胜邪恶与诱惑后大彻大悟，终成佛陀的呢？！

菩提树无语。偶尔，一片菩提树叶子辞别枝极，缓缓飘落，有一种自由自在的美。

温室，是温带对热带植物生境的一种模拟。只是，前年跟随莫迪总理前来的菩提树苗实在太小，它的抵抗力还不足以应对温室暖气的温度时高时低。况且，最怕它被盗。

"模拟原生境？我们可以做到。设置好培养箱里的温湿度就行了，不过我很少放它进去。夏天空气太干燥的时候，开一会儿空气加湿器。大多数时候，它就站在这里，和我一同呼吸，挺好养的。

植物驯化没有育种那样复杂，需要在花期争分夺秒，做无数杂交组合实验。对这株菩提树我所做的，主要是观察它会不会水土不服，怎样让它快速适应我们温室里的生存环境，健康生活才最重要。"

王庆说得轻描淡写，但我深知其中的不易，若没有全心全意的爱和责任，这株菩提树的状态会大为不同。

"放在实验室最大的好处，是照料方便。它的一切'诉求'尽收

眼底。渴了、饿了，冷了，它都会'说'。看着它一点点长大、长出一片一片新叶，挺开心。陪伴它长大，这个机会不是所有人都能遇到，所以，我很珍惜，也很愉快，会努力做好。"

此刻，专家眼中，它不再是国家信使，不再是"五树六花"之首，也不再拥有神性的光辉。它，只是一株弱小的、需要时刻精心照料的外来植物，是专家正在驯化培育的众多植物大军中的一员。

在王庆说自己愉快的时候，我感觉这株菩提树也是愉快的。在这株菩提树的旁边，有邻居花毛茛、鲁冰花、曼陀罗、仙人掌等丝路伙伴。显然，它不会觉得孤单，更不会寂寞。

它甚至很开心，它的日渐茁壮，就是最美的笑容。

能和它做邻居，对我而言，也是一种机遇和缘分。因此一有空闲，我就闪身近前，看它在阳光中舒展。它的枝枝叶叶，对我有太大的吸引力。

"菩提本无树，明镜亦非台；本来无一物，何处惹尘埃。"每次站在这株菩提树前，纯净的绿色，便顺着禅宗六祖慧能的诗句，缓缓注入我的眼里，心，也渐渐明澈起来。

仔细端详这株菩提树，每片绿叶，都拥有数厘米长、状如小尾巴的"滴水叶尖"，这种长相，的确有别于本地植物。

王庆说，滴水叶尖是身处热带雨林中的植物，为适应高温高湿气候，演化出来的一个迷人的标志。

嗯嗯，我查过资料。热带地区冷热气流对流显著，几乎每天午后，都会有因强对流形成的对流雨。日日光顾的雨水以及空气中无处不在的水汽，常常在叶子表面结成一层水膜。水膜的存在，对植物来讲，是一场灾难，不单妨碍植物进行正常的光合作用，还容易滋生细菌。

所以，身处此地的植物，都必须动脑筋想办法，尽快排掉叶子上的积水。

菩提树显然做得非常出色。它设计的滴水叶尖，是一个充满艺术色彩的导流系统——叶子表面上的水膜会快速聚集成水滴，沿长长的叶尖顺利流掉，叶子表面很快变得干爽起来。

比起其他的无尾巴叶子，想必，菩提树很有成就感。它的一个脑筋急转弯设计的这个滴水叶尖，不仅拯救了自己，还让古代建筑师的脑洞大开，人类的屋檐上，从此出现了集装饰与导流功能于一体的瓦当……

这么想菩提树时，我突然醒悟：菩提树，真的是智慧树呢。

资料上说，"菩提"两字，意为"觉悟""思维"和"智慧"。

当年，释迦牟尼在菩提树下的悟道，让一株树，拥有了博大的精神。也正是这种精神，才构成植物世界无边无际的美。

在印度，菩提树是受国民尊崇的圣树，是最显赫的国家元素。尤其是位于菩提迦耶的那株圣菩提树的子孙，是历代总理国事出访时携带的最高国礼。韩国、泰国、尼泊尔、斯里兰卡、越南和不丹等国家的土地上，都有迦耶圣菩提树婆娑的身影。

据说，在菩提迦耶的黑市上，一片自然掉落的圣菩提树树叶，标价10美元，一条能够扦插存活的树枝，价值高得离谱。巨大的利益诱惑，让一些不法之徒铤而走险。这让圣菩提树防不胜防、头疼不已。

此刻，站在我眼前实验台上的菩提树，绝无这方面的担忧。它葱茏、雅致，心叶在阳光下，泛出安恬的光芒。

一年多的时光，不长也不短。它身上发出的每一片新叶、每一点变化，都蕴含新家园的爱，烙上新生活的印记。

祈愿它茁壮成长。

# 杨柳春风度玉门

春天的气息，是从"吹面不寒杨柳风"中透出来的。

"五九、六九，沿河看柳。"其实，这个时候，冬天还没有真正走远。环顾四周，大多数植物依然"洗尽了铅华"，举着光秃秃的枝丫，在沉睡中躲避寒冷。而此刻，柳树柔软的枝条上，已经冒出了二月春风裁剪出来的新叶。

五九、六九，西安地区的温度大多徘徊在 10℃。10℃，已经远远超出了一般阔叶植物对于寒冷的理解力，能够有勇气在这么低的温度里萌发的植物，一定具备强大的内力和坚毅的品格，值得用尊敬的目光去欣赏的。

寒风依然料峭，行走在柳丝的青纱里，感觉眼里有一朵朵朝霞突然停住，新叶葳蕤的光，逐渐点亮了我的眼睛。心，便也热热地跳起来，和新叶一样，怀了莫名的悸动。

在初春，随手折一段柳条，插进泥土，不久，它就扎了根；不久，就有嫩嫩的叶子冒出来；不久，纤细的柳条子，就会袖一阵清风跳舞……俗语"有意栽花花不发，无心插柳柳成荫"说的该是柳树具备强大的生命力。就柳枝扦插而言，无论是将插条正着插入泥土还是倒插进去，一段插条，都会孕育成一株柳树，从而形成一片绿荫。柳

树生命的强韧，完全可以突破一切生长环境的困境呢。

　　能这样见土即生、随遇而安的生命，自然不会让人把它和"娇贵"两字联系起来。

　　故而在一些大人物的眼里，柳树是很受欢迎的。曹丕称柳树为"中国之伟木"，在宫庭院内郑重栽下一排排柳树。陶渊明亲手栽植了五

棵柳树，时常徘徊在柳荫里衔觞赋诗，人称五柳先生。左宗棠任陕甘总督时，在东起潼关、西到新疆沿途广植柳树。从那时起，"新栽杨柳三千里，引得春风度玉门"。百年之后，河西走廊上的左公柳，依然年年秀苍劲、笑春风……

柳树的阳刚，还表现在冬之将至时。

西安的春秋短、冬夏长，是尽人皆知的。可柳树不管这些，如果单看柳树，你不会觉得春没到，秋没走。当一阵紧似一阵的凛冽秋风漫过西安的天空，"草拂之而色变，木遭之而叶脱"。周遭看上去比柳树威武健壮得多的树木，纷纷褪下葱茏的绿叶，一派颓废的模样，哪里还有胆量与风霜较高下？倒是我们眼中婀娜羸弱的柳树，临危不惧，千丝万缕的柳条，依旧身披翠纱，在风霜寒气中劲舞。

柳树是幸运的，天性坚韧的它曾得到过帝王的首肯。相传公元605年，隋炀帝杨广下令开凿"通济渠"时，就提倡在大堤两岸广种柳树，一来添绿遮荫，二来坚固河堤。611年第二次下江南时御笔亲书，把自己的"杨"姓赐给柳树，让柳树享受与帝王同姓的殊荣。从此，柳树有了"杨柳"的称号……

如果要用"婀娜"形容一棵树，只能是柳树了。

"昔我往矣，杨柳依依。"从《诗经》里走出的柳树，如一位曼妙的少女，带给人无尽的遐思。"袅袅古堤边，青青一树烟。"诗人雍裕之眼里如烟的柳树，是风中的仙女。"一树春风千万枝，嫩如金色软于丝。"看哦，新柳既嫩又柔的神态，在白居易的诗行里呼之欲出；"碧玉妆成一树高，万条垂下绿丝绦。"至此，柳树的柔美，似乎就定格在贺知章的这千古名句里……

当然，凡夫俗子要体验柳树的美，最好是站在环城西苑的护城

河边。夕阳下，两岸袅袅的细柳，在微风里长袖轻舞，如镜的水面上柳影摇曳。当柳条无意中拂过面颊时，你会忍不住想作诗，或者，想轻声地朗诵一首诗。站在稍远处，透过如烟的垂柳，瞭望古城墙和护城河，或许还会有点儿恍惚，自己是如何走进这幅悠然的水墨画的？

柳树的空灵流丽，会让一颗奔忙的心，跟着柔软下来。

柳树，也常常让我想起中国古代的铜钱，外圆内方——柔情似水的外表下，深藏着一颗坚强的心。

柳树，早就懂得道家文化吧，否则，它怎么会将刚柔并济运用得这么好？

为人处世方面，刚柔并济的柳树，为我树立了榜样。

# 有树名枇杷

第一次知道枇杷树，是在高中的语文课本里："庭有枇杷树，吾妻死之年所手植也，今已亭亭如盖矣。"那时，归有光《项脊轩志》里的枇杷树，于我，只是一个模糊的概念，倒是感觉这树名真美。当 pí pá 两字从唇边轻轻读出的时候，不由得想起大珠小珠落玉盘的琵琶。莫非，这种树木可以制作琵琶？或者，果实长得像琵琶？只可惜，那年月资讯匮乏，关于枇杷的种种好奇，很快淹没在其他事情里了。

再次接触枇杷是在大学里。有一年冬天，我感冒后咳嗽一直停不下来，去校医务室，医生给我开了一瓶枇杷止咳糖浆，一勺咽下，即感觉红肿的喉咙舒服了许多，连喝两天后，咳嗽便好了。枇杷止咳糖浆，非但没有普通中成药的苦涩，反而清凉甘甜，这让我对枇杷的好感又多了一层。

大学毕业后分配到西安植物园工作，我终于见到了枇杷树。园子里定植有许多枇杷树，冬花夏果，绿影婆娑。原想着它是南方植物，不曾想它在秦岭以北的西安也活得很好，既可抵抗冬日严寒，亦可对付夏日干热，更可以正常开花结果；原想它只是一种药树，不曾想它还是有名的果树，同时，还是优美的园林植物。

从枇杷在我国的野生分布区域和优良枇杷果的主产区来看，枇杷

的确是一种热带树种。虽说现如今全国各地都有栽培，然而，仅在我国四川、湖北等地有野生，我国著名的枇杷果产区，是江浙一带；枇杷冬季开花、来年春夏果熟的生态习性，加之拥有经冬不凋的常绿阔叶，亦颇能说明它起源于热带的身份。

正因如此，枇杷能在北方户外不受保护越冬和越夏，足以证明它皮实，抗逆性强。据说，枇杷在我国无保护越冬的生长北限，是甘肃。

因为从来没有吃到过我们园子里的枇杷果，所以，枇杷树在我眼里，就是一种纯粹的园林植物。和其他北方阔叶植物不一样的是，枇杷树精致的大叶子经冬不凋，加之冬花春实，便很有些特立独行的样子。

刚开始很惊讶于枇杷树的叶子，浓重的墨绿，厚重的质感，叶背覆有褐色短绒毛，长椭圆形的叶面上，分布着规则整齐的平行叶脉，很有些琵琶的模样，后来查证的确如此。它之所以被称作枇杷，就是因叶子而来。

早年，"批把"指的是胡人于马上所鼓的木质弹拨乐器，手势外推为"批"，内收为"把"，故名"批把"。同一时期，人们把一种叶形类似这种乐器的果树，也称作"pí pá"。到了汉朝末年，专门用于乐器的名词"琵琶"最终被确定了下来，"枇杷"两字则给了拥有美味水果的植物。

相传，明朝文人沈石田有一次收到友人送来的礼盒，上书："敬奉琵琶，祈望笑纳。"沈先生打开盒子一看，却是一盒新鲜枇杷。沈石田不禁失笑，回信给友人说："承惠琵琶，开奁视之：听之无声，食之有味。"友人见信，深感羞愧，遂作一首打油诗自嘲："枇杷不是此琵琶，只怨当年识字差。若是琵琶能结果，满城箫管尽开花。"

枇杷的特立独行之处，还在于它的花期是冬季。在我国南方，它

的花期是 12 月至翌年 2 月，恰逢一年中最冷的时节。在北方，枇杷的花期稍稍提前，进入 11 月，白色的花朵，慢慢地从毛茸茸的黄褐色苞片中露出头来。冬季，也有零星开放的白花。

和蔷薇科的其他植物一样，枇杷花也是简简单单的五瓣花，圆锥花絮顶生而起，一树繁花夹在绿叶间，只看出星星点点的黄白来，不喧哗，不浮夸，却芳香好闻。"榉柳枝枝弱，枇杷树树香"。枇杷花蜜亦香浓，是冬季里为数不多的蜜源植物。

在西安，我见到的枇杷树，都是些玲珑的小乔木，几乎没有见到过比肩白杨的大树。不过，秀美的枇杷树身影，辨识度极高，越来越多地出现在公园、小区和街头的绿化带里，很受大家欢迎。

有一年去杭州开会，同学提着一兜新鲜的枇杷果来看我，那是我第一次吃到枇杷。西安植物园里虽有好几株枇杷树，每年冬花后也挂果，但它熟透了的滋味却与我无缘。记得刚毕业那年春末，枇杷青果微黄时，我曾采了一颗，一口下去感觉又酸又涩，立马扔掉。待到熟透的季节再去看，树上的果子都不见了踪影。

记忆中，南方熟透了的枇杷，表皮浅黄，内里嫩黄。剥皮后放进嘴里，软软水水，酸酸甜甜。因为果肉松软，枇杷吃起来不像吃苹果那样需要牙齿用力，这让饕餮者很容易就吃下去很多。同学说，尽情吃吧，枇杷果不仅有丰富的纤维素、果胶、胡萝卜素以及维生素 A、B、C 等营养成分。重要的是，它还含有防癌的营养素——维生素 $B_{17}$。所以，当地人给这种水果冠以"金丸"的美称。

后来，每年吃到枇杷果时，我都会想起那位同学和她说的话。如林清玄所言：经过了很久很久，我每次在市场看到枇杷，就会想起太麻里的山地朋友，觉得友谊也是金色的，那友谊的金色，像枇杷，也像阳光。

枇杷的品种很多，按照"果肉"的颜色和质地不同，大致可以分为两类——白沙品种和红沙品种。之所以给果肉加了引号，是因为枇杷的果实，是由花萼和果皮合生发育而成的假果，我们吃的所谓的"果肉"部分，实际上是肉质化的花萼。

相较而言，红沙品种大多果肉紧实，汁量较少，味道浓郁或偏酸，特点是适合储藏和运输。现在我们西安市场上能买到的枇杷，就是这种。商家采摘时，往往还没有真正成熟，味道自然失之寡淡。白沙品种则不耐运输，但鲜美多汁，食之如饴。写到这里，我似乎被那次吃到的枇杷香气包裹，有清甜的汁水在唇齿间流转，真想立即飞往江浙，再过一把嘴瘾。

枇杷在我省汉中和勉县等地有大面积种植，是家庭主要的经济来源。初夏，金灿灿黄澄澄的枇杷果子挂满枝头，可观赏可歌咏，是一方百姓的摇钱树，是果农致富的小金丸。

《本草纲目》中载，枇杷乃"和胃降气，清热解暑"之佳品良药。花叶果，皆可入药。

枇杷花，入药可疏风散寒，润肺止咳。《贵州民间方药集》里说，花蒸蜂蜜，治伤风感冒，润喉止咳。

枇杷叶中的主要成分进入人体后，水解产生的氢氰酸有止咳作用，并且可以帮助预防和治疗痰湿与咳喘。我们常见的枇杷膏，主药材就是枇杷叶子。李时珍在《本草纲目》中说："枇杷叶，治肺胃之病，大都取其下气之功耳。气下则火降痰顺，而逆者不逆，呕者不呕，渴者不渴，咳者不咳矣。"感冒了，这则治疗小验方不妨试试：15克枇杷叶去毛，洗净，入锅，加适量水煎煮，连服三天。

枇杷果，别号甚多：腊兄、金丸、卢桔、粗客……苏东坡古诗"客

来茶摆空无有，卢桔微黄尚带酸"中的"卢桔"，说的就是枇杷。直到现在，一些广东人依然把枇杷称作卢桔。枇杷果味甘酸，性平，有生津止渴、清肺止咳、和胃降逆等功效。

治咳嗽的小验方：取枇杷果 12 个，冰糖 30 克。将枇杷去皮、去核，与冰糖入锅，加适量水煎汤，每日一剂，连服五日。

古人喜欢枇杷，枇杷枝条上，挂满了诗词歌赋，枇杷果也经常入画。

"大叶耸长耳，一梢堪满盘。荔枝多与核，金橘却无酸。雨压低枝重，浆流水齿寒。长卿今尚在，莫遣作园官。"是诗人杨万里眼里的枇杷。"乳鸭池塘水浅深，熟梅天气半晴阴。东园载酒西园醉，摘尽枇杷一树金。"在这首色调明丽的田园诗里，江南初夏时人们宴饮园林的生活情景，如一幅画，缓缓铺展开来。枇杷丰收之际的一树金，也让读者垂涎三尺。

　　《红楼梦》第六十二回，说小螺与香菱等人斗草。大家采了些花草来兜着，坐在花草堆中斗草。这一个说："我有观音柳。"那一个说："我有罗汉松。"那一个又说："我有君子竹。"这一个又说："我有美人蕉。"这个又说："我有星星翠。"那个又说："我有月月红。"这个又说："我有《牡丹亭》上的牡丹花。"那个又说："我有《琵琶记》里的枇杷果。"场面活泼有趣，令人向往。

　　枇杷，向来也是画家们愿意描摹的爱物。晚清国画家吴昌硕画了许许多多枇杷画。他笔下的枇杷果，一笔圈成，却有着新鲜欲滴、汁水丰盈的即视感。酣畅淋漓的写意枇杷，画出了枇杷的灵魂，每次看到，都很震撼，都让人眼馋。

　　我喜欢的一幅枇杷画，是宋代林椿创作的绢画《枇杷山鸟图》；苍翠枇杷叶映衬下的枇杷果，成熟，饱满，在盛夏的阳光中，闪烁着璀璨的光芒。一只俊俏的小鸟，栖息于枝上，俯视着枇杷果上爬行的蚂蚁。它那尖细锋利的嘴巴，好像要给贪婪者致命一击。我仿佛看到枇杷枝条随小鸟的动作上下颤动。画面静中有动，妙趣横生。

　　这些天，植物园老区里的枇杷果已开始绿中泛黄，一嘟噜一嘟噜挂在苍翠的枇杷叶子间，有千颗万颗压枝低的感觉。老区禁园后，这些果子得以不受干扰地自由生长，真好。

# 树枝上的"刺猬"

猬实开花的时候，它身边的榆叶梅、丁香、海棠和碧桃已经过气。许是积累的能量足吧，猬实开起花来泼泼辣辣，有一股子冲劲，甚至，花儿多到蛮不讲理。

远看，树枝梢头全是花，一嘟噜一嘟噜的粉团，你拥我挤，毫不谦让。那气势，艳压了树叶，压弯了枝条。哈，不愧是陕西本土树种，猬实的性子里，有陕西人的豪爽。

自然，豪爽的花便少了些许妩媚。和密匝匝挤挨挨的猬实花相比，我更喜欢枝叶扶疏的植物，譬如国兰，矜持，空灵，枝枝叶叶，皆入得诗画，满身的韵脚。

不够妩媚，或许只是我的看法，蜜蜂可不这么认为。瞧，成群结队的蜜蜂，嘤嘤嗡嗡，在花朵上空舞蹈。猬实花也精神抖擞，它们，要进入这一年里最激动人心的"合欢"了。数不清的猬实花陆续掀开玫红色的"面纱"（花苞），纷纷把自己化妆成蜜蜂眼里芬芳诱人的"餐厅"。

一朵朵猬实花儿仰起热情的笑脸，它们的香味飘荡在空气里，四周，被猬实花的清香充溢，觅食的蜜蜂，踏香而来。花香，是花朵醒目的路牌。

猬实花沿伞房状聚伞花序的顶端，一朵朵向下绽开，两朵花合生一柄。远看，是一个圆圆的大花团；走近细瞧，别有洞天。钟形的花冠，在喇叭口裂为五枚花瓣，两小三大，靠近地面的三枚花瓣稍大，恰到好处地为蜜蜂搭建了"停机坪"。粉色的花瓣内侧，生出醒目的黄色斑纹，像是花瓣上刺绣的网画。在网画处，猬实心思细腻地为媒婆生出防滑绒毛。仿佛在对蜜蜂说：来吧，沿着我为你精心修建的道路走，肯定能找到好吃的。

一只蜜蜂飞来了，在"停机坪"上安全着陆后，几乎不用休息，就开始沿黄色的斑纹往里爬，很快，它将头伸进钟形花朵的基部，开

始了愉快的花蜜早餐。

在蜜蜂爬进去用餐前，猬实花已经将雄蕊的花粉囊转动到合适的方位，好让花粉在开裂后，能够准确无误地涂抹到蜜蜂的背上。从花药开裂到花粉散尽，大约需要六个小时。

一朵猬实的花蜜，显然不足以填饱蜜蜂的肚子。不久，蜜蜂退出，背着这朵花的花粉，在空中溜了个弯后，又降落到另一朵猬实花上。

可想而知，当蜜蜂在这家小小"餐厅"再次进餐时，这家餐厅的主人，已经获得了期盼已久的"爱情"。

至于，何以取名猬实？不必等到秋天，也不必见到成熟的果实后，才幡然醒悟。在花期，目光绕过钟形花冠，看看后面紧挨着的那个毛茸茸的小家伙（花萼筒），是不是很像小刺猬？嗯，到了秋天，这层稚嫩的白绒毛会随果实长大变硬，成为黄褐色的刚硬刺毛，那时候，就真的变成字面意思："像刺猬一样的果实"了。赞叹之余，觉得这名字好贴切。

猬实花谢后，小小"刺猬"的顶端，会露出紫红色的宿存萼片。五片尖尖的宿存萼，五角星般泛出可爱的光芒。

像这样，猬实既可观花，亦可观萼片，也观果，浑身上下，精彩不断。这点，也像陕西人，打眼一看，其貌不扬，生冷蹭倔，相处久了，便显现出人格的魅力。

花后，是果实成长的时间。猬实"爱子"心切，为了给子女更好的保护，给孩子套上厚厚的铠甲，在铠甲外，又装备了坚硬的刚刺。出乎猬实的意料，溺爱，反而害了孩子——以子女的孱弱之躯，较难突破坚硬的种皮，不利于"爱子"发芽。故而，猬实自然繁殖困难，存活率低下，越来越稀有。看来，猬实不懂"爱亦有度，多则为害"的道理。

一直很奇怪，明明是像刺猬一样的果实，叫猬实，象形、直观又好记，偏偏《中国植物志》里叫它"蝟实"。后来，看到文章《猬实，还是蝟实》后，释然了。西北大学植物专家李智选教授在这篇文章里，旁征博引，得出"蝟"不过是"猬"的异体字，而国家早已叫停异体字，因此，这植物的中文名，该是"猬实"，而非"蝟实"。

但凡讲到猬实，必然会提及："是中国秦岭山地植物区系的古老残遗成分，在忍冬科中处于孤立地位，对于研究植物区系、古地理和忍冬科系统发育有一定的科学价值。"

中国特有、单种属植物或孑遗种，或许，还要加上国家三级保护植物。这些字眼像一顶顶无形的桂冠，在猬实头上熠熠闪光，让所有接近猬实的人，瞬间觉得它高大上，也让它的步履，早在 20 世纪初，即已抵达欧美。

去瑞士和美国东海岸植物园树木园学习时，我都见到了猬实，当地人叫它"美丽的灌木"（Beauty Bush）。名牌上标注它的原产地是中国，也有直接写来自中国华山的。每每相遇，我都倍感亲切，有种他乡遇故知的欣喜和自豪。

此刻，在华山、长安和山阳等地的山坡、路边和灌丛中，就有野生猬实的身影摇曳。它们美丽，有趣，稀有。入得"厨房"，上得厅堂——山野灌木，做城市景观树，很美呢！

我期待猬实从陕西出发，走上全国各地的街道和庭院。

# 白桦眼睛的指引

我是从巴掌大一片树皮开始触摸白桦的。

大学毕业那年初春，心烦乱得像长满了草，工作悬在做公务员还是科研人员间摇摆不定，患得患失，看一切都索然无味。

4月底，我收到了一张贺卡，它来自哈尔滨。贺卡的内容，无非是同学间的祝福，但贺卡本身很别致——一张心形的树皮，夹在硬纸中间，上面写着祝福语。同学说这是自己剪的东北桦树皮。

心，在打开贺卡的那一瞬，有了暖意，有了氤氲的山岚和阳光。

耳畔仿佛传来叶赛宁的诗：在我的窗前，有一棵白桦……

那时候，学植物的我，压根没有见过白桦，关于白桦的种种印象，只来自书本、油画、诗，还有歌曲。

忍不住伸直了手指，轻轻抚摸。纸般轻薄的白桦皮，有着半透明的质地，细腻光滑。淡褐色的底纹上，隐约透出赭石色的细短横纹，疏密有致。

点点欢喜和感动，在心底聚成一幅画——推开窗户，眼前是一片白桦林，有风从树梢划过，春和景明，莺莺燕燕。

一下子豁然开朗。学植物的我，就该与树为邻、与树为友。

飘摇不定的指针，终于定格。

大学毕业后，我顺利进到一家植物园工作。这座位于西北的植物园里，没有白桦树，偶尔散步，碰到一株株树皮粗糙的坚桦时，脑海中会闪出树身光洁、布满眼睛的白桦。不止一次地想，如果这是一片白桦林，该多好！

有一年的中国植物园会议，在沈阳植物园举办。这次会末去长白山考察时，我见到了心心念念多年的白桦林。

那时，我已经在植物园工作了快十个年头，但事业始终不见起色。搞研究，植物园这个平台和植物研究所没法比，搞科普，自己又眼高手低……消极、慵懒、迷茫。

是白桦的眼睛，让我重拾自信，也重拾起我对工作的热情。真的应了《圣经》赞美诗里的一首歌名："我用眼睛引导你。"

那天，长白山脚下的白桦，不再是明信片和油画中的二维图，它立体、伟岸、俊朗。东北大汉般挺拔的身姿、洁白光滑的树皮、线形横生的"眼睛"，撼动着蓝天，撼动了第一次用眼睛触摸它们的我。

当视线从整体慢慢移向局部，变圆的，不只我的眼睛，还有，嘴巴。

一开始，面对无数形状各异、大小不一的"眼睛"时，我竟然像个没见过世面的孩子，有点慌乱，有点不知所措。呆呆地站了一分钟后方醒悟，我来或不来，它们都长在树上。

于是放慢脚步，开始端详白桦身上的"眼睛"。

弧形的上眼皮、相对平直的下眼皮，像上下结构的括弧，合围出"眼睛"的轮廓。在上眼皮上，有的还可以看到长长的"睫毛"。微微凸出的黑色"瞳孔"里，分明有一个个隐隐约约的同心圆……

眼前半睁半眯、似笑非笑的"眼睛"，像一本关于人生的书，我读出了酸甜苦辣、喜怒哀乐等诸多滋味。

是一只孩子般纯净的"眼睛"，让我的脚步停了下来。

这只"眼睛"里，蕴藏着神圣和执着，如秋夜星空般明亮，洋溢着生命的喜悦。凝望片刻后，我忽然间感到了惶恐，因为，在这只眸子中，我似乎看到了自己的面孔：浮躁、茫然、萎靡。

一阵脸红心跳后，我明白，我得换上孩子般澄澈而积极的眼神了。

同行的沈阳植物园赵老师，向大家科普了白桦"眼睛"的由来。

"这些'眼睛'，其实是白桦树身上的伤痕。白桦在漫长的成长岁月里，或被大风吹断，或遭人力砍折，树身上的旁逸斜枝会离它远去。那些'瞳孔'里的同心圆，就是夭折树枝的年轮。在植物界，也只有白桦，能够将自己身上的伤痕，化作一个个别有内涵的'眼睛'，洞察苍穹，反观自己。"

快退休的赵老师，眼神依然如少年一样清澈。爬山时虎虎生风，我都追不上。这位复旦大学的高材生，毕业后一直在沈阳植物园里搞科普，一干就是三十个春秋。其时，他们园在科普方面取得的成绩，赢得与会同仁的一致赞赏。

赵老师走过的桥，真的，比我走过的路还长。

"生活中谁不遭遇挫折？关键看你能否将挫折带来的伤痕，变成美丽的'眼睛'，成为你前行的动力。"赵老师的这句话，后来，一直映照在我人生的每一寸光阴里。

从东北回来后，我开始爱上了科普。我尝试着用文学的方式阐述植物，尝试着创作漫画，为的是让科普更亲民、更适合这个读图的时代。理工出身、没有学过绘画的我，一路上的坎坷与挫折可想而知。每每想要放弃的时候，眼前，便浮现出白桦的眼睛。耳边，也传来赵老师的叮嘱。

我的图书《枝言草语》和《植物智慧》分别荣获 2015 年和 2016 年全国优秀科普作品奖。2016 年，我的《植物哲学》《枝言草语》荣获第四届"中国科普作家协会优秀科普作品奖"。"植物让人如此动情"系列，陆续入选教育部"2015 年全国中小学图书馆（室）推荐书目"和"2015 年全民阅读活动优秀图书推荐书目"。我的三组生态与植物主题漫画展，在全国五十多家单位巡展。2018 年，我的系列科普图书荣获陕西省科技进步二等奖，开创了陕西省科普作品获科技奖的先河。

　　现在，我觉得自己更像一株植物，任风吹、雪来。我的眼睛里，更多的，是云淡风轻，是坚持和坚定。每日里莳花弄草、翻阅文献、写文章、画漫画、作讲座，日子波澜不惊，忙碌而充实。

　　去年春节，我收到了赵老师寄来的一张明信片。十多年来，赵老师和我的书信，像一只鸿雁，翩然翻飞在大东北和大西北之间。

　　画面上，白桦的眼睛，明目善睐，清澈秀美，满满的，是鼓励，也是喜悦。

# 火炬树　让我欢喜让我忧

　　国庆出游，车行至福银高速乾陵段，路的两旁，不时闪出一树火红，在蓝天的幕布上，红得炫目奔放。这个季节，什么花开得如此招摇？从车窗望出去，只见一团团火焰向车后奔去。车子进入服务区时，专门停到一团"火焰"前。

　　哦，原来是火炬树。

　　一片叶子，是一叶燃烧的火苗，无数对称均匀、排成羽状的火苗，汇成耀眼的火焰，张扬得蛮不讲理。凝神之间，似乎听得见自己的心跳。

　　在北方，秋天变红的树叶有很多，但很少有这么红艳的。红枫在北方的秋天里红得有些深沉，还不如早春来得明艳；黄栌的红色里会夹杂着黄色与褐色；而火炬树的红色，是国旗的那种正红，很应季应景的色彩，有着强大的气场。

　　一棵树，是一团火；群植，是烂漫红霞，也是一曲昂扬的交响乐。

　　但这并非它取名的原因。9 月份成熟的果穗，上小下大，毛茸茸、红彤彤的，远观如一把把火炬。经久不落的小火炬，让冬日里看到它的一双双眼睛，惊艳之后倍感温暖，这才是叫"火炬树"的缘由呢。

　　在我周围，火炬树是为数不多能让我欢喜让我忧的一种植物。喜的是它的长相、色彩与活力；忧的，也还是它的活力。

火炬树根的孳生能力，大到让人担心。我担心不知道哪一天，一睁开眼睛，周围全是火炬树，而其他的千娇百媚，却都不见了踪影。

　　你如果亲眼见到过表层土下，它那盘根错节的根系，看见树干被砍后如雨后春笋般冒出地面的树苗，就会理解我的担忧。

　　与大多数拥有上百年甚至上千年寿命的树木相比，火炬树是典型的"短命树"，寿命大约是 20 年。但它却能在有限的生命里，通过生生不息的根蘖，来实现无限生长的目的。

　　老家在北美的火炬树，天生具备强大的自我保护能力。它的分泌物以及树叶上密集的绒毛，令它"如虎添翼"，周围的植物，只有受它排挤的份儿。火炬树来到中国后，没有了天敌，也没有昆虫敢来碰它，所以，除了冬季以外，火炬树其他时候都像服了兴奋剂一样雄心勃勃。

　　火炬树的生长速度到底有多快？有专家专门在北京调查了火炬树的生长状况，公布了一组数据：头年种下一棵火炬树，第二年就能发展为 10 棵，五年后就会覆盖半径 5 ~ 8 米的所有土地；把挖出的火炬树根扔在地里，依然能够萌发新苗；种植五年左右的火炬树，根系能够穿透坚硬的护坡石缝，柏油路在它的眼里，也不堪一击。

　　"我想要怒放的生命，就像飞翔在辽阔天空，就像穿行在无边的旷野，拥有挣脱一切的力量……"汪峰的《我想要怒放的生命》，唱的，就是火炬树吗？

　　国际上对入侵物种扩散速率的定义是：每三年扩散距离超过 3 米。专家说火炬树在北京实际的扩散速率已超过了这个值，达到每三年 6.2 ~ 7.5 米。

　　因此，专家给出的结论是：火炬树是危害潜力最大的入侵物种，种植火炬树就是引"火"烧身！

　　与其如此担忧，不如快刀斩乱麻。2013 年 10 月，北京叫停了在市内种植火炬树。

　　但也有专家认为这样的定义，对火炬树不公平。

　　他们的理由也很充足：我国植物学家 1959 年从东欧引入火炬树后，它的火焰，从北京逐渐燃烧至华北、华中、西北、东北和西南 20 多个省（区）。半个世纪以来，这些用于荒山绿化兼作盐碱荒地风景

林的树种，尚未见有任何逃逸人工生态系统而失去控制的案例发生，也未见任何有关其入侵性的报道。因为本地物种经过漫长演化组成的植被环境，是很难被破坏的；火炬树对阳光的依赖性大，当周围有其他大树后，它会因缺少阳光而逐渐消亡。古运河风光带火炬树消失的原因就在于此。30 年前，在华北林业实验中心栽种的火炬树，今日也已难觅踪影；火炬树在自然条件下，只靠根蘖繁殖。种子外面有一层保护膜，几乎不能直接萌发。人工播种前，要用碱水揉搓掉种皮外红色的绒毛和种皮上的蜡质，然后用 85℃热水浸烫 5 分钟，捞出后混湿沙埋藏，置于 20℃室内催芽……总之，这个过程很复杂，远远超出了火炬树种子自己"动手"的能力。

因此，这拨专家说，火炬树如果人为控制得当，并不会对生态造成危害，同时，火炬树顽强的生命力，正适合在本地植物不能生长的地方，做先锋绿化植物。只要不是人有意识地大面积栽植，火炬树不会大面积入侵；火炬树在我国还算不上入侵种，说是潜在入侵种也有困难。它是值得推广的——不要拒绝，可以应用。用其所长，避其所短。

忽然想到了一句俗语："南方人把扁担立在地上，三天没管它，扁担长成了树；北方人把小树种在高原上，三天没水浇，小树变成了扁担。"

"是树还是扁担"的问题，和火炬树是"女汉子"还是"女魔头"的问题一样，都取决于当地的环境条件和种植人的用心程度。

目前看来，我身边生长的火炬树，外形妩媚，性格强悍，依然是那个值得我喜欢的女汉子形象。"她"身上的毛病，目前还处于人工可控范围之内。

多希望火炬树永远如此！

# 10

# 楷模是两种树?

楷模一词，出现在我们生活里的频率极高。

从小到大，老师、家长和单位领导，在大会小会上宣讲以及谆谆教导我们时，话语里时常会蹦出"楷模"一词，被"楷模"光环笼罩的人和事，一定是我们敬仰和学习的榜样。

追根溯源。古人造字是非常讲究的，"楷""模"两字皆以木为部首偏旁，理当对应两种植物。从北宋孙奕著《履斋示儿编》卷十三："孔子冢上生楷，周公冢上生模，故后世人以为楷模。"来看，楷模，的确是指两种树木。再参阅其他文献资料，可以得出：楷，是黄连木；模，有可能是杜梨。

## 楷——黄连市

《辞海》"楷"的条目下，第一条解释就是：植物名——漆树科黄连木属，落叶乔木。刘献廷《广阳杂记》卷一："楷木，即今之黄连头树也。"

查阅《中国植物志》，黄连木的别名里，也有"楷木"一名，并注明，在我国湖南、河南、河北等地，人们把黄连木就称作楷木。

特别要指出的是，大树黄连木不是"哑巴吃黄连，有苦说不出"里的中药黄连，中药黄连是草本，属于毛茛科。

记忆中，在西安植物园老区的双子叶植物区，生长着一片黄连木，它们的老家在秦岭。栽培名录上记述了这些黄连木是 1972 年迁居到翠华路植物园的，现如今，应该又一次迁居到西安植物园的新区里了。之所以记忆深刻，是因为，每到这个季节，黄连木就会换上姹紫嫣红的衣裳。

黄连木是雌雄异株植物。早春时分，刚刚萌动的嫩叶，是红色。暮春时，它的红色雌花序开始绽放。有趣的是，黄连木花朵没有花瓣，由花萼片直接包裹着花蕊，在春风里如火苗飘荡，一串串，一团团，招蜂引蝶。

黄连木的叶子，经历了长夏的浅绿深绿后，进入秋天，又逐渐变为橙黄或深红。那是一种温暖的色彩，是即刻能点亮人双眸的色彩。深秋，黄连木叶子间的圆锥果序也出落得异常别致迷人。随着温度一降再降，果实由黄绿转红至紫，最后变为别致的蓝色，红蓝相间，艳丽异常。鸟雀盘旋在枝头，叽叽喳喳唱着秋天的歌。人不由得停下脚步，静静地欣赏它们，感受园林的季相美。

黄连木，在我国有着悠久的栽培历史。报载，山东济宁刘庄社区内的古楷园小区，生长着一株黄连木，已是 2 400 岁高龄，苍苍然把自己站成了植物活化石。

树高可达 30 米的黄连木，身躯伟岸，枝丫曲虬。既能作行道树、庭荫树，也是近年来炙手可热的生物能源树种。其种子的含油量高达42.5%，我国安徽等地大面积种植，用以加工出产生物柴油。其材质硬、色泽亮、花纹美，历来是制作农具和家具的良材。

除了上述实用价值外，黄连木"结出"的精神硕果，在尊师重德的天空下，一直熠熠生辉。

说起黄连木，就会联想到师生情谊，联想到孔子、孔墓、子贡和手植楷。《太平广记》引《述异记》书："鲁曲阜孔子墓上，时多楷木"。《广群芳谱》引《淮南草木谱》也记载："孔木生孔子冢上，其干枝疏而不屈，以质得其直故也。"

公元前 479 年，孔子去世，他的遗体葬于鲁城北的泗水之上。消息传开后，孔门弟子纷纷归来奔丧，并带来了"四方异木"，栽植在陵墓四周。子贡（端木赐）是孔子当年最为器重的弟子，他巧言善辞，擅长经商，在孔门四科中，被列为"言语"科之首。子贡在老师的陵墓旁，定植了一株黄连木，当时称其为楷树。其他弟子守墓三年后纷纷离去，只有子贡在陵墓旁，搭建了一个小屋，又守墓三年，方才离去。陵墓四周，也只有子贡种下的黄连木存活了下来。为了纪念孔子以及子贡的尊师重德，历朝历代对孔子陵墓和子贡所植的楷树，均悉心保护。

现如今，绕过孔林享殿，由东南角门进入孔子墓园，门内北侧，有一灰瓦尖顶的方亭，四面空透，亭下保护着一截树木的枯桩。前有石碑一通，上书"子贡手植楷"。这截枯桩，就是子贡当年种下的那株黄连木身体的一部分。石碑上的"植"字，三横处只有两横，像是个错字。传说孔子仙游时，他心爱的弟子子贡从南方未能及时赶回来，所以"植"字少了一横。

至于为什么仅仅是一截枯桩，而不是一棵树？一旁的资料上说，子贡手植楷树，于清光绪八年曾遭雷火，现仅存一段树桩。树桩后有一碑，镌刻着清代初著名诗人施闰章的《子贡植楷》："共看独树影，

犹见古人心……"

关于子贡手植楷，在当地，还有个近乎神话的传说。说孔子下葬那天，子贡悲痛欲绝，泣之以血，一根手杖已不能支撑他的躯体，子贡只好双手各持一根拐杖。孔子的棺木入土后，子贡手拄的两只拐杖，都深深地扎进了土里，拔都拔不出来了。其后，子贡在老师墓旁搭庵结庐，守墓六年。守墓期间，两根入土的哀杖，居然都生根发芽。成活后的树，既不是柳，也不是常见的松柏，比较罕见。子贡联想到周公墓前的模树，念其老师高风亮节，博学善教，便给这树起名为楷树。

再古老的树，也有枯萎的一天，唯子贡对恩师的真情，逾越了岁月，旷世长存。如今，这棵黄连木树桩，已经成为我国"忠孝"文化的坐标。

## 模——杜梨？

《辞海》中，"模"的条目下，并没有树木一说。模是一种树的说法，出自明代人叶盛所著《水东日记》："昔模树生周公冢上，其叶春青，夏赤，秋白，冬黑，以色得其正也；楷木生孔子冢上，其余枝疏而不屈，以质得其直也。若正与直可为其法则，况在周公孔子冢乎？"

这段话的意思是说，模树生长在著名的周公墓上，模树的叶子春天是青色的，夏天红色，秋天白色，冬天黑色，这四种颜色加上黄色，都是古代的正色，称为"五色"。模树和楷树的正和直可作为法则，况且这两种树都生长在周公和孔子的陵墓上，更是万世的楷模。

从对模树叶子的描述——"春青、夏赤、秋白、冬黑"来看，自

然界是不存在这种树木的。好在《水东日记》又说，临川吴文正公澄问曰："'楷、模'二字假借乎？"曰："取义也。"……可见，周公墓上的模树，只是一种意象，叶色随四季而变的品行，是后人为了让模树更符合"众人皆醉我独醒"的境界，而臆造出来的。

如果非要说模是一种树的话，应该是甘棠树。因为，周王朝的发祥地在陕西岐山县境内，该地八景之一的古树"召伯甘棠"，就在周公庙里。甘棠与召伯和周公，都有着千丝万缕的关系。还有"棠荫"一词，是良吏勤廉爱民、福荫百姓的代名词，符合模树"正"的意境。

周武王灭了殷商，建立了周朝。他死后，把江山传给儿子周成王。周成王即位时年幼，得亏有两个贤臣周公旦和召公辅佐。召公配合周公旦工作，支持周公摄政当国、平定叛乱。他体察民情，秉公执法，廉政清明，大家又尊称召公为召伯。

召伯经常微服私访，他前往各地视察时，有个原则，不打扰百姓，不住在老百姓家里，也不要老百姓为他盖房子，都是在路边的甘棠树下，搭个草棚听讼决狱和休息。连草棚边上的草木，也不要老百姓帮他修剪，一切都是召伯亲力亲为。他说："不劳一身，而劳百姓，不是仁政。"换个说法就是，为官一任，惠政于民，才是贤吏该有的样子。召伯的做法，深得老百姓的喜爱，他结庐休息办公的甘棠树，也因此成了为百姓遮风挡雨、排忧解难的象征。

召伯死后，老百姓怀念他，爱屋及乌，对甘棠树也尊敬有加，细心呵护。《诗经·甘棠》里这样写道："蔽芾甘棠，勿剪勿伐，召伯所茇。蔽芾甘棠，勿剪勿败，召伯所憩。蔽芾甘棠，勿剪勿拜，召伯所说。"

翻译过来就是："茂盛的甘棠啊，不要剪不要伐，召伯在树下搭

过草棚。茂盛的甘棠啊，不要剪不要毁，召伯在树下休息过。茂盛的甘棠啊，不要剪不要折，召伯在树下停歇过。” 这一连串动词和叠句的妙用，烘托出老百姓对召伯深深的感激和爱戴之情——对甘棠树不能砍伐，不能折断枝叶，即使是攀援弄弯，也不行。

孔子曾说：“我看见甘棠，就像看见宗庙一样肃然起敬。”

历代文人墨客也写下了大量歌咏召公及“甘棠遗爱”的诗文，其中尤以薛成兑的七绝《召伯甘棠》流传最广：“蔽芾诗章留古今，召公仁政得民心。甘棠剪伐犹知护，足见当年遗爱深。”

值得陕西人自豪的是，“甘棠遗爱”这一千古佳话，在周王朝的发祥地岐山县境内，还能看到许多可以佐证的实物。召公祠位于岐山县城西南十里许的刘家塬村，祠内有一块慈禧太后题字、光绪皇帝御赐的匾额“甘棠遗爱”。在岐山县特殊教育学校校园里，有一棵被称为岐山八景之一的古树“召伯甘棠”。如今，这棵具有两千多年传奇的古树，依然枝繁叶茂，亭亭如盖，荫蔽着这片古老的土地，充盈着鲜活的生命力。直到今天，附近的百姓在遇到矛盾纠纷时，依然有人相约到甘棠树下，了结谁是谁非。

那周公庙里的甘棠树到底是什么树？朱熹《诗集传》注：甘棠，杜梨也。白者为棠，赤者为杜。

小时候，在我老家村子的南头，有一棵高大的杜梨树，每年秋季都结满累累果实。这种小野果，虽然名字里有个梨字，但其形状和味道，都比梨要差很多。果子很袖珍，直径 1 厘米左右，比黄豆大不了多少。那时候水果少，杜梨就成了我们在秋季经常惦记的美味。杜梨果子是绿色时，千万不能吃，又酸又涩，咬一口，那种酸涩会使人流泪。即使表皮变为褐色，也不能直接入口。但从这个时候开始，好日子就倒

计时了，因为我们有能吃它的独门秘籍——急火火爬上树，将杜梨摘下来，然后塞进麦草垛里，焐几天后，杜梨就变成暗红色，最主要的是，这个时候的杜梨神奇地变甜了，可以吃了。上树摘果子、焐果子的过程，让我们乐此不疲。闷焐过的杜梨吃起来沙沙的，也甜甜的，闻起来似乎还有一股子酒香味儿。但一次不能多吃，否则会便秘。现在知道，这是因为未成熟的杜梨果子里含有单宁，麦草垛里温度高，可以帮杜梨将体内的可溶性单宁变为不溶性单宁，从而让舌头感觉不到涩味。这和母亲用温水暖硬柿子，是一样的原理。

如今，老家的那棵蔽芾亭亭的杜梨树已不复存在，即使还在，树下，肯定不会有孩子像我们当年那样翘首仰望了，也不会像我们当年那样爬上树摘一口袋杜梨下来，再焐进麦草垛里，不时去翻看能不能吃……那时，我们不知道它叫甘棠树，也不知道《诗经》里说的：蔽芾甘棠，勿剪勿败……

楷模一词，在今天看来，作为树的本意部分已经式微，但它们树立了世人做人和为官的范本——老师，要像孔子一样博学善教；学生，要如子贡般尊师重德；为官者，要用召伯那样的心灵和眼睛，去体察民情，造福一方。

# 小雁塔里的古树

多年后，我又一次来到小雁塔前。

阳光从高大的槐叶间洒落下来，青石板上显出斑驳的光影。树池里绿油油的麦冬，衔着一缕盛夏的风，娴静地打发时间。

夏日荐福寺里，游客寥寥，幽谧，清净。此刻，从我站立的地方平望，古槐夹道，树冠在高空悄悄地牵起了手，像一幅由墨色和绿色皴染出来的水墨画。墨色是屈虬的树干、树枝，绿色是树叶。阳光穿过绿叶时，染出淡绿、翠绿、黄绿和墨绿的层次，清凉在叶子间流淌。双脚起落间，像是行走在时光深处。对面百米开外，婆娑枝叶掩映着漆成朱红色的大雄宝殿，红墙青瓦，是威严厚重的模样。目光上移，便是久违了的小雁塔。

几声蝉鸣，把我的目光从小雁塔身上，牵引到一棵1 300年的古槐上。走近，看不见蝉，甚至，连嘹亮的蝉声也戛然而止。倒是看见一只灰椋鸟，从右前方的一根枝条上扑棱棱飞起，隐入另一棵古槐浓密的枝叶里，再也寻它不见。

在西安工作生活了20多年，无数次坐车路过小雁塔，无数次看见它秀丽的身影和残缺的顶部，都行色匆匆。像这样专程拜访，今天是第二次，第一次是20多年前。

大学毕业后，我工作的单位就坐落在大雁塔脚下。最初一段时间，周末没事，就喜欢在名胜古迹处闲逛，大雁塔因为离得近，常去。待我把小雁塔纳入游逛计划时，恰好我大学的一位同学寒假来西安游玩，于是，就有了第一次和小雁塔的亲密接触。

　　那时的小雁塔没有围墙，游人多，塔脚周围，摆有许多古玩地摊，很是热闹。去之前，我是做了功课的。在塔前，当我这个冒牌导游，说出小雁塔因地震三裂三合的故事时，我同学吃惊得嘴巴都合不拢，喃喃自语这一定是神助。我不失时机地告诉她：非神助，是人功。是当年的能工巧匠在建造小雁塔时，别出心裁地将塔基夯成了一个半球体，这样整体来看，就是一个尖头圆尾的不倒翁，矗立在长安城最繁华的天街旁。地震来临时，底座厚重的球形塔基，把地震的冲击力均匀分散开来，因而塔身只是前后左右摇晃，并不会倒下，待下次地震再晃时，又恰好让裂为两半的塔身复合为一体。塔身由最初的 15 层挫折为 13 层，足见地震的威力之巨。

　　即便是如此这般进行了科学解释，但其实在内心里，我和我的同学一样，觉得小雁塔的裂与合，依然充满了无法言说的神秘。不倒翁般的塔基结构只是减小了地震的破坏力，并不会促使裂口愈合。况且地震时，地震波有横波纵波和面波，塔身也会前后左右摇晃，可为什么已经裂开了的两半塔身，就恰好能够复合？这样的概率最多只有百分之五十啊。

　　关于小雁塔"神合"一事，有明嘉靖三十四年（1555）京官王鹤在小雁塔门楣上的刻石记叙为证："明成化末，长安地震，塔自顶至足，中裂尺许，明澈如窗牖，行人往往见之。正德末，地再震，塔一夕如故，若有神比合之者。"

那天，给我俩留下深刻印象的，还有雁塔晨钟。重达万斤的大铁钟，金代明昌三年（1192）铸就，身高 4.50 米，直径 2.5 米。从这一年开始，小雁塔有了大铁钟这个声音的伴侣。清晨，寺院按时按节律撞钟时，悠扬的钟声在 10 公里外，都能听得清清楚楚。伴随这钟声，官员上朝，商贾开市，平民百姓开启一天的忙碌……塔影与钟声，就这样彼此陪伴，成就了长安八景之一的"雁塔晨钟"，声名远扬。那天，我和我的同学合力敲响了这口大铁钟，咚——咚——，清越的钟声，伴随我俩敲钟前许下的心愿，在西安城上空回旋了很久。

今年夏日的一天，我正在做家务时，电视机里传来了相似的钟声，咚——咚——，心里的一根琴弦被轻轻扣响，沉睡在心底里的记忆亦开始复苏，那塔那钟，便有了魔力，再也挥之不去。

20 多年后，当我又一次近距离看塔看钟时，发现它们依然是我记忆中的模样，而我，身上已有了岁月的痕迹。20 年，对于年逾千载的古塔来说，不过是一瞬，而对于一个人来说，却是无法轻视的时光，由青年变成中年，余下的，便是沧桑。人的一生，能有几个20 年呢？

当我以怀旧的心情走近小雁塔时，不曾想却被这里的古树惊到，吃惊之余，是满心的感动和敬畏。从古树的身份证上看，小雁塔里至少有八九棵古树生长超过了千年，最长者年龄 1 300 岁，是我见过的古树最密集的地方。回想当年来此游玩时我没有注意到古树，可能是因为那时尚没有标注古树年龄的身份证吧。

原来，默默陪伴小雁塔最久的，是树。那个声音伴侣雁塔晨钟，几代加起来，也才 800 多年。

高龄 1 300 年的一棵古槐，树皮像耄耋老人的肌肤，粗粝，多皱，

青筋暴突，皱纹如沟壑。树干旁边，还竖有几块朽木，显然是古树曾经的一部分身体。树身上的疮疤、树瘤、虫洞和裂隙，像凝固了的语言，用沧桑述说着流逝的时间，冲淡了我对人生苦短的叹喟。

　　资料上书，该国槐树围 2.7 米，株高 9.2 米，树冠投影面积 35.23 平方米。如此庞大的树冠，伸向天空的枝干上，大都顶出了盎然的叶子，俨然一个不服老的顽童，用青翠的绿叶告诉我，它的身体依然硬朗。由于年代久远，一些枝干已经向下倾斜。为此，小雁塔里的工作人员专门设立了仿树干"拐杖"。挂着拐杖的古槐，与不远处的小雁塔，便有了一种甘苦与共的味道。似乎，树与塔，千百年来一直演绎着顾城的诗：草在结它的种子，风在摇它的叶子，我们站着，不说话，就十分美好……

　　一株长命千岁的树，总使人敬畏。走近古树，抚摸斑痕深重的老树皮，像是抚摸没有生命的山石。低头，把鼻子贴近树皮，深呼吸，木头腐朽的味道，能量流动的味道，风霜雨雪的味道，太阳月亮的味道……一层层漫出，丝丝缕缕钻入鼻孔。

　　离这棵树不远处，有一棵游龙般的古国槐，吸引我长时间地注目。主干离开地面后，便以 45 度的斜角向东伸去，离地 1 米处，是一个椭圆形的大伤疤，像是当初被人砍掉侧枝留下的，疤痕里裸露出来的木质已发黑，腐而不朽。禁不住猜想，这棵古槐当年该有东西两个侧枝，势均力敌。不知道它经历了什么，西边的侧枝没了，留下一个大大的疤。树体因重力朝东倾斜，甚至以头抢地，出于向光的本能和不屈的性格，东边的侧枝努力地向上向南伸展，侧枝这时已变成了主干。在它前行了大约 1 米后，便出现了一个向上的拐点。这里扭曲的树皮纹理，清晰地记录了这一艰辛而又顽强的生命旅程。

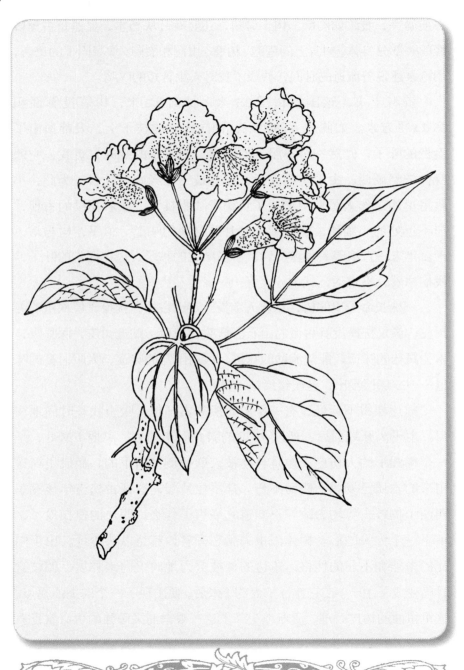

后来，它又分枝，枝又分叉，老骥伏枥般和树干底下的人造拐杖一起，长成一株励志的风景——远看，像一条昂扬的游龙。从它的身份证上看，也已是1 300岁高龄了。

我凝视了它好久，就像我当年凝视小雁塔一样，内心充满了虔诚与尊敬。1 300年里，它经历了无数风雨和朝代更迭，亲眼目睹了才子佳人的荣辱。它的命运和人一样，岁月静好的背后，有不为人知的无助、辛酸和悲苦，只是，这棵古槐最终战胜了伤痛，战胜了自己。我们看到的美丽弧线，就是它面对噩运时的奋力挣扎。此刻，它在想些什么？它知道我在看它吗？

这里，还有一棵800岁的古楸树，姿态娟秀，挺拔高大。恰如《埤雅》所载："楸，美木也，茎秆乔耸凌云，高华可爱"。想它四五月开花的时候，鹅掌大的绿叶，托举着密匝匝的花朵，递送出淡淡的芬芳，久久氤氲在荐福寺上空，真好。这么想的时候，我仿佛看见当年的大诗人韩愈，正对着这棵不大的楸树，吟出"谁人与脱青罗帔，看吐高花万万层"的诗句。

城市里古木稀少，能留存下来，除了它身处庙宇外，一定还有使人敬畏的东西，这东西像一层卫衣，阻挡了冒犯者的邪念。

这么多古树齐刷刷站立在小雁塔身旁，用自己的虬枝茂叶，福荫这片土地，看时代枯荣，体察这片土地上子民的苦乐……这一护佑，竟是斗转星移千载！

我禁不住面对这里所有的古树，深深地弯下腰去。

# 富平柿事

　　漫过天空的秋风，在富平漫山遍野的柿子上，逐渐皴染出一层亮黄。深秋，当柿子从里到外都泛出红色的光芒时，就要离开树木了，它们会以另一种姿态，走进富平人的生活。

　　瓷实光洁的红柿子，被人们从树上一一摘下。卸下来的柿子，河水般流向田间地头和小院的房前屋后，堆成一座座柿子山。所有的空闲地儿，在这个季节，都成了繁忙的柿子加工场：削皮、串线、悬挂。

　　柿子山前，忙碌的村民，熟练地打着转儿削柿子皮。旋落的红色柿皮条，一缕缕从手边飞起，袅袅娜娜地落在一旁，颇有"谁持彩练当空舞"的意境。累累红果握在手中，也就握着生活的希冀——富平县的柿子和柿饼，出口海外，热销韩国、日本、加拿大。

　　是一幅取名"柿事如意"的照片，吸引我专程赶往富平的。

　　画面上，削了皮的红柿子，珍珠般串起，并排悬挂在用椽头搭起的架子上，一面又一面。串串橘红色的柿子，像条条裁切齐整的太阳光线。"光线们"士兵般列队，站成了一面面红彤彤的柿子墙。农人在柿子墙间穿梭忙碌，笑容明媚。

　　震撼的柿子墙，质朴的笑容，都让我心驰神往。

　　走进柿乡曹村，果真就走进了这幅画。

　　村落里，柿子墙这里一面、那里一片，比赛似的，晾晒着甜蜜和喜悦。柿子们鼓胀着红色的脸膛，一副热情的模样。

　　穿行在此起彼伏的柿子墙里，感觉耀眼的橘红，似一排排巨浪，一个接着一个，从眼前翻腾着涌向天边，那气势，真叫磅礴。金瓮山红了，脸颊红了，衣衫红了。心情，跟着灿烂起来。不由得感叹，秋天，原来可以这样酣畅淋漓哦。

酣畅淋漓的，还有富平柿子的口感。柿树上那些没有被摘下来而直接变软成熟了的红柿子，宛如一掬红色的蜜汁。在蝉翼般的表皮上撕开一个小口，直接吸食，如吮蜜吸糖。富平人说：这柿子润燥败火，暖肚子。

　　和柿子相比，富平柿饼的口感更好。一口咬下去，它会微微抗拒你的牙齿，然后绽出溏浆，内里的糯、甜、香，会挨个儿和味蕾言欢，激荡起回味无穷的涟漪。

　　富平柿饼似乎清楚，它们的甜蜜里，一定要有风霜的砥砺，有雨雪的洗礼，还要溶入人类的汗水和智慧。这好品质，就像一个人拥有的功夫，要"外练筋骨皮，内练一口气"的。那些速成的柿饼、弄虚作假的柿饼，尝一口，就知道功夫没有到家。

　　太阳升起落下，风来霜往。场院里那些削掉皮悬挂起来的柿子，开始去了桀骜，由硬变软，表皮和内里，就都成了蜜色。再经历几段秋阳、几段风霜后，柿子里的水分荡尽，一个个瘦弱下去，颜色也越发深沉。小雪节气来到时，柿子的表皮上，便有白色的粉末浮起，这是柿子中渗出的葡萄糖和果糖，像一层霜雪做的衣衫。

　　到这个时候，当地人会将晾晒好的柿子收起，放入一口口大缸里，回软。待柿子变软泛红后，再用双手捏成脐脐相对的饼状，至此，柿子们便拥有了另外一个响当当的称呼：合儿柿饼……

　　世间美好的事物，大抵和柿饼一样，都是经历过艰辛与磨砺的。

　　石川河静静地流过富平，向我诉说了一个关于柿子的故事。

　　一天，一位衣衫褴褛的乞丐，流落到富平北部的金瓮山下，几天水米未进，本以为会命丧于此，仰天长叹之际，忽见一树丹红点点，走近细看，原来是红红的尖柿。随捡起掉落树下的红柿子，急火火塞

进嘴里。很快，甘如蜜饴的柿子，填饱了他的胃，也帮他恢复了体力。

这位乞丐，是朱元璋，那一年，他25岁。16年后，当了皇帝的朱元璋，时常感念曾救他一命的柿子树。不仅命当时的富平知县张得先精选一批柿子树苗送往京城，栽植在皇宫御苑里供他回味享用，还专程故地重游，把自己身上的黄袍脱下，披挂在这棵柿子树上，册封柿树为"凌霜侯"，建庙纪念。

至今，当地还流传着民谣："唐王陵上神仙伞，千年古槐问老柿。皇上亲封凌霜侯，柿叶临书自古留"。瞧这凌霜侯真够高寿博学呢，要知晓唐陵千年之前的往事，古槐还要向他讨教！

矗立于曹村唐顺宗丰陵前的凌霜侯，如今，变成了博物馆里的一张图片，一面旗帜。

曹村马家坡的马大爷说，在他的印象里，凌霜侯需三人围抱，树冠遮天蔽日，一年能结1 000公斤左右的柿子。可惜的是，因为没保护好，那棵柿子树在十几年前的一次雷电霹雳中被烧死了。

来富平前，我看过这里的资料，未见柿树已先慕其名。据日本吉野市柿子博物馆记载：世界上柿子的主产国是中国，柿子的优生区是陕西富平。读来，颇让人提神醒脑。

在富平县新建的柿子博物馆里，听讲解员说，富平柿子已有2 000年以上的栽培历史。明朝时，富平柿饼的制作工艺，就已经十分了得。富平县志载：明朝万历年间，太师太保孙丕扬，曾将柿饼和琼锅糖作为贡品，进献过神宗皇帝朱翊钧。

富平柿子，除了作为吃食，还可以凤凰涅槃，变成酒，变成醋，变成茶，变成药，等等。小有名气的富平柿子醋，对于爱吃面食的老陕，有着难以抗拒的吸引力。午饭时，我吃到的凉菜和汤面条，就是用当

地柿子醋调制的，口感的确醇香。

在最接地气的农家饭桌上，本该说叨当地美食，我偏偏想到了风雅的柿子诗。

作为我国久远的乡土树种，柿树，在土壤里易活，在诗行里，也扎下了根。

大诗人韩愈，曾为柿子"魂翻眼倒"："然云烧树火实骈，金乌下啄赪虬卵。"——一树树火红的柿子，像燃烧的云，如着火的树，引得太阳鸟也下到凡间，来啄食金龙红色的蛋。读来，夸张而又神秘。相比之下，北宋孔平仲眼里的柿子，要美丽风情得多："林中有丹果，压枝一何稠。为柿已软美，嗟尔骨亦柔"。这里的柿子，是不胜娇羞的美女，读罢竟让人不忍再食……

金瓮山上那些红彤彤的身影，在西斜的阳光里，如烟霞，和天空的绯云辉映，美丽得让人喘不过气来。

整整一天里，我的目光，一直在火红的柿子上，带着我的心激动地游走。我想象不来南宋画家牧溪，他的《六柿图》为何有那样暗沉的色调和情感。如果，牧溪先生来到富平，他面对眼前这天上地下的红霞，会挥毫出一幅怎样的柿子禅画呢？

就在我准备返程时，听到一位年轻妈妈给身旁的小女孩教绕口令：石狮寺前有四十四个石狮子，寺前树上结了四十四个涩柿子，四十四个石狮子不吃四十四个涩柿子，四十四个涩柿子倒吃四十四个石狮子。

柿子山前的柿子绕口令，有趣得像一串串小手，拉住了我的耳朵，也拉住了我的脚步，忍不住跟着学说起来。

晚霞连同柿子的光芒，将我和这对母女一起笼罩，如置身童话场景。

# 醉美银杏

时令虽已入冬，但这个初冬，没有大风降温，没有寒流，树木也没有枯槁的颜色。行走在户外，雾霾天的压抑，会被不时映入眼帘的红叶和黄叶一扫而光。尤其是银杏树，那美丽璀璨的金黄，带着饱经风霜的超然，比春天的花儿更有韵致和意境。

银杏，不仅美，还是树木的活化石，具有经济和药用价值，全身是"宝"。

## 秋天　银杏在哪里　美就站在哪里

最近，朋友圈里美景的主角，非银杏莫属。

在终南山脚下的古观音禅寺里，有棵千年的古银杏。相传，这棵银杏树是唐太宗李世民亲手栽植，距今已有 1 400 多年的历史，已列入国家古树名木保护名录（编号：No. 0325）。

当我在朋友圈首次看到这棵银杏树的照片时，我的震撼无以言表。它是那样的巍然恢弘，像一团燃烧的金色火焰，闪烁着璀璨的光芒，远远近近的山景都被它点亮。在这株身高 5 丈的千年银杏旁边，单看高高大大的寺庙，也显得是那样低矮渺小，站在栅栏前欣赏银杏的人，

不仔细辨认，几乎看不见。

这株阅尽人世间沧桑的千年银杏，枝干依然轩昂，金灿灿的叶子笼满树冠，远看没有一点杂色和杂质，在黛青的山峦和纯蓝天空的背景下，美艳得叫人睁不开眼睛，肃穆得让人心宁神静。

汉阳陵的百亩银杏，则将黄、橙黄、橙红这一系列暖色调演绎得像拍摄一场大片的背景。阳光明媚的天气里，这些金灿灿的银杏叶，与太阳的色泽交相辉映。这奇妙的光影，是一幅浓墨重彩的暖心油画。风过时，树上、空中的叶子，像一只只黄蝴蝶，也像一个个音符，和着节拍轻歌曼舞。风劲的时候，纷纷扬扬的银杏叶，会飘洒起金色的"扇面"雨，翩然落地，铺就一层厚厚的地毯，叫人不忍踩踏；不经意间，就走进了一个金色的童话世界。

"碧云天，黄叶地，秋色连波，波上寒烟翠。"这些天，无论走在南大街、大雁塔广场，还是走在西安植物园里，只要一瞥见那抹明艳的金黄，再阴郁的心，也会折射出明亮温暖的阳光。

随手捡起一片银杏叶，也像捡起了一件艺术品。精致小巧的叶子，像一把小扇子，或者，像一把打开了的降落伞。叶子上的叶脉也很别致，无数纤细的叶脉，从叶柄基部出发，辐射状排满叶面，丝丝分明。顺手夹进书里，会变身一枚漂亮的书签，还可驱蠹虫。经年后，每每翻书，就会感觉它如一片阳光般熨帖心田。

美国美学家威廉·荷加斯说：银杏叶缘流畅的波伏线和叶脉的辐状放射线，都是美学上美的经典线条。

# 银杏树是雌雄异株

如同人分男女，一些树也分雌雄。雌雄异株就是雌花与雄花分别生长在不同的株体上，雄树开雄花，负责传授花粉，雌树开雌花，负责结果。所以，想要得到果实，两者缺一不可。银杏，就是雌雄异株的植物，是植物界的鸳鸯树。

一则消息报道说，湖北某地有两株百余年的银杏树，数十年来只有一株结果，另一株从来不结果。树的主人对那株不结白果的银杏树颇有怨气，一气之下砍掉了它。但从此，另一株银杏也"罢工不干"了。树主人以为银杏有灵，砍了它的伙伴惹它生气从此不再结果。殊不知，银杏是鸳鸯树，想要获得果实，雌树雄树，都不可或缺。

怎样区分银杏树的雌雄？一从植株外形看，雌株的树姿开张，枝条与主干的夹角大，看上去稍稍平展甚至有时下垂，树枝乱而且向四方扩展；雄株树姿直立、不开张，枝条与主干的夹角小，有的几近平行于主干生长，挺而向上的枝条看起来很紧凑。二从生态习性来看，雄株的生长期相对较长，和雌株比起来，发芽早，落叶晚。前一种分辨方法看似简便易行，但是形态特征的差别，都是一些相对概念，必须有一定的实践经验，才能正确地鉴别出雌雄。

银杏雌花和雄花在形态上也大不相同，雄花花药集生成串，像个大号的蚕，植物学上叫"葇荑花序"，初期绿色，成熟的花药呈黄色并能散出大量花粉；雌花生于短枝顶端鳞片状叶腋内，成簇生长。银杏是风媒花，依靠风力传粉。因为银杏的花粉又小又轻，可随风飘移，最远距离可达500公里，不过，有效传粉距离是2公里以内。

现在，很多园艺品种把雌雄枝嫁接在一棵树上，人工造就了雌雄同株。

# 植物界中的"活化石"

银杏树生长缓慢。自然条件下，从栽种到结果需要 20 多年，40 年后，才能大量结实。因此有别名"公孙树"，是"公公栽种，孙子得食"的意思。

银杏树虽然长得慢，却是树中的老寿星，被列为中国四大长寿观赏树种（松、柏、槐、银杏）之一，也是世界上十分珍贵的树种，是第四纪冰川运动后遗留下来的最古老的裸子植物。野生银杏是我们国家一级保护植物，是植物界中的"活化石"。

在我国河南义马发现的义马银杏化石，是全世界迄今发现的最古老的银杏化石。"义马银杏果"化石图案，曾经被选为第五、第六届国际古植物大会的会徽。从义马银杏一直到现在的银杏，历经 1.7 亿年，但是，这两者之间的形态差别非常小，只不过是叶子裂得浅了、种子结得少而长得大了。也就是说，从侏罗纪以来，银杏演化得非常缓慢。

银杏所属的银杏目里，如今只剩下它一个种，成为逝去大家族中最后的遗老。现生银杏的原生种群分布区非常小，只分布在我国浙江的天目山中。但在恐龙时代，银杏和它的亲戚们的身影，几乎遍及全球。

银杏类植物的衰落，始于 1.3 亿年前的早白垩纪，随着被子植物的兴起，它们步步退缩。大约 200 多万年前，发生了第四纪冰川

运动，地球突然变冷，欧洲、北美和亚洲绝大部分地区的银杏惨遭灭绝，只有我国的横断山脉阻挡了冰川的移动，才使银杏奇迹般地保存下来。

在银杏树身上，还保留着许多较为原始的特征。它的叶脉是二歧状分叉叶脉，这在裸子植物中绝无仅有，但在较原始的蕨类植物中却十分常见。银杏雄花花粉萌发时，仅产生两个有纤毛会游动的精子，这一特征，在裸子植物中只有苏铁才有，而在蕨类植物中却很普遍。

所以，银杏是一种比松、杉、柏等树木更为古老的植物，被科学家称为"植物界的活化石""植物界的大熊猫"，当之无愧。

## 神奇的医疗之树

银杏树具有很高的药用价值，它全身都是宝。其叶、果实、种子均可入药，临床应用范围也逐步扩大。

银杏叶子的药效，早在《中药志》里就有记载，说它能"敛肺气，平喘咳，止带浊"。现代药理研究对银杏叶的评价更高，说银杏叶可以改善心肌缺血症状，此外，还能降血压、降低血黏度，等等。

到目前为止，已知银杏叶的化学成分提取物多达200余种。其中，黄酮类化合物含45种以上，双黄酮类化合物含6种以上。前者可以促进血液循环、降低血液黏度，后者对提高血管壁韧性、改善胃壁黏膜等功效明显。

还有报道说，银杏叶能美容。说叶子中含有的黄酮甙、氨基酸合成胶原蛋白成分，对于人体抑制黑色素生长、对抗自由基、保持皮肤

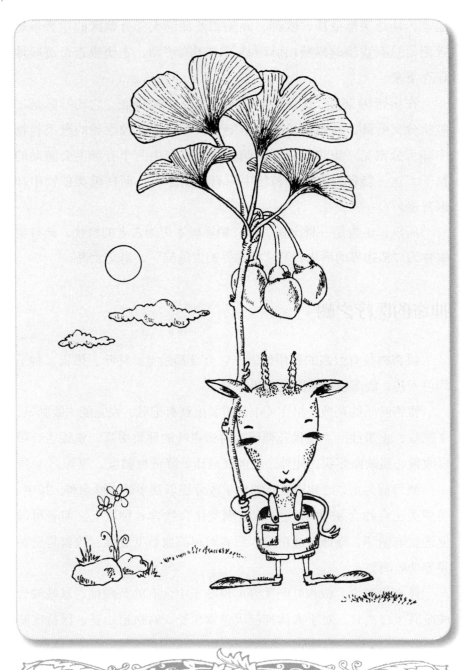

光泽与弹性有作用。

银杏果又称白果，因为其中含有银杏酸、银杏醇以及钙、钾、磷等多种微量元素，在宋代被列为皇家贡品。《本草纲目》载："熟食温肺益气，定喘嗽，缩小便，止白浊。生食降痰，消毒杀虫。"日本人有每日食用白果的习惯，西方人圣诞节必备白果。

另外，银杏种仁中的黄酮甙和苦内脂，对脑血栓、老年性痴呆、高血压、高血脂、冠心病等疾病，也有预防和治疗效果。

但食用白果的用量和食法不当，会引起中毒。为了预防不测，熟食、少食是基本原则。

## 银杏叶不能直接泡茶喝

入秋后，经常会看到有人在银杏树下捡拾落叶，说是相中了银杏叶的保健功效，捡回家后洗洗泡茶喝，以期防治心脑血管疾病和高血脂。殊不知，这样会"中毒"！

我听到过一个关于喝"银杏茶"的真事，还好，结果不是那么吓人。患心血管病多年的王叔听朋友说银杏叶可以改善心血管功能，便自己在植物园银杏树下捡拾了许多银杏叶，每天泡水当茶喝。约二十多天后，王叔感觉舌头发麻，说话吐字不清。家人以为他中风了，赶紧送到医院。医生检查后说，王叔不是中风，出现这些症状，与喝银杏叶子水有关。王叔这次出现神经麻痹和瞳孔放大等症状还是轻的，如果用的剂量再大一些，就会损害到心脏，结果是不可逆的。

出现这种状况的原因，是银杏叶片内含有大量的银杏酸，银杏酸是有毒的。一些新采摘或捡拾的叶子中，银杏酸的含量高达 3 000 ~ 4 000ppm，

而准字号或健字号的银杏医药制品里，允许银杏酸的含量必须低于
10ppm。

　　银杏酸是水溶性的。也就是说，自己捡拾或采摘的银杏叶子，不
经过深加工和炮制，直接用来泡茶喝，不仅吸收不了叶子里面的银杏
黄铜和银杏内脂等有效物质，反而会适得其反，会喝进去毒素！

　　因此，只有经过脱毒和杀青等一系列专业炮制工序后的银杏树叶，
才能泡茶喝，才安全，才有保健和治疗的功效。

# 曲江的树

　　快三十年了，我一直居住在大雁塔附近。

　　三十年的光阴，那么长，那么久，青春，已离我远去。可我居住的地方，却在这十多年里，容颜逆生长，越发青春靓丽了。她的每一次盛装出场，都名闻于世。呼吸在她的怀抱里，自豪与幸福感，不经意间，就如春笋，蓬蓬勃勃地冒出来。

　　傍晚，照例出门步行锻炼。

　　已经是 11 月了，雁南一路上，枝叶交叠的楝树像两排文艺范的士兵，披金色晚霞，一副恬静的模样。楝树叶子有三分之一已经发黄，还有三分之一的树叶绿中透黄。夕阳皴染出树冠的层次，金黄，黄绿，青绿，色彩过渡得法，如一帧帧油画。

　　再过些日子，黄叶飘尽，唯余楝子的果序挂在枝头。冬日散步经过这条路时，我喜欢抬头望。路灯下，红褐色光秃秃的枝梢上，悬垂着一嘟噜一嘟噜赭石色的果实，如凝固在天空里的烟花。看见它们，心情瞬间就灿烂起来。

　　记得阳春三月，桃花落尽时，这条路是名副其实的花香路。楝树上开满了淡紫色细细密密的碎花，一团团一簇簇的花朵，将楝树笼在一层淡紫的雾里。空气中飘着浓郁的花香，将这条路和路上的行人，

全部包裹在它的香气里。

一站路的光景，就走到大唐不夜城。步行其间，宛然走进了银河，火树银花，直接天际，分不清眼前的光影是天上的星，还是地上的灯，琼台玉阁点缀其中。想必，大唐鼎盛时期的繁华，也不过如此。街头，身着唐装的少女，抱弹琵琶如泣如诉，大珠小珠落玉盘，与身后清一色的仿古建筑，与身旁唐文化主题群雕融合，让人有穿越到唐朝盛世的恍惚，"朗月寒星披汉瓦，疏风密雨裹唐风"。

这样的画卷里，大唐不夜城俨然一处仙境，梦幻缥缈。然而，它于我，却是那样的真实——在2019年春天，我和我的书，都是大唐不夜城实实在在的一分子。4月23日，曲江管委会拉开了2019西安曲江阅读周的帷幕，我的新书——植物科学散文集《低眉俯首阅草木》有幸列入全民阅读周的"书香雅集"。24日晚，在不夜城步行街的电音舞台上，西安出版社编辑李亚利、儿童文学作家王朝群、著名播音主持人禹彤和我，一起为不夜城里散步的游人分享了我的这本新书。当越来越多的游人停下脚步，当游人和我零距离互动问答，当有人因喜爱我的文字而自发朗诵书里的篇章时，大唐不夜城的上空，聚集了浓浓的书香，我的喜悦与自豪感，再一次随书香升腾。我居住的地方，真不愧是久负盛名的历史文化名城，人们对于书籍的热爱，是从骨子里生发出来的。

穿过大唐不夜城，在国槐的呵护下向东直走，便抵达大唐芙蓉园东门。夜幕中，身披霓虹的紫云楼，威严，神秘，恍然在云端。这座十多年前建成的大型园林人文景观，一经矗立在这里，便器宇不凡，有盛唐的神韵。好多国家元首都曾光顾过园子，我也曾数次将自己融入这片"皇家御苑"。园内茂密的植被和亭台水榭，书写着大唐的繁

华。在诗峡和诗魂群雕处，仿佛可以听到诗仙李白、诗圣杜甫、诗佛王维、诗鬼李贺等等名家的把酒吟诗声。徘徊在诗意氤氲的空气里，我不知今夕是何夕，在大声朗诵完每一首唐诗后，竟然也想写诗。一路读去，俯仰之间，盛唐的轮廓，在诸多诗人留下的无数首诗作中，渐渐清晰……

傍晚在"盛唐"的街巷里穿行，我的眼眸更容易被绿色和生命吸引，一会儿是隔车道里修剪得齐齐整整的黄杨、女贞，一会儿是草坪里葱茏的麦冬、红枫、南天竹、月季与禾草。偶尔，还可以听见藏匿于草叶间虫子的长鸣，这秋末的绝唱，婉转悠扬，全然没有生命行将终结的悲苦。

这个季节，芙蓉园南路上的柿子树也进入一年中最娇美的日子。叶子由绿变红，进而红得发紫，影影绰绰的紫色叶子间，有橙红色亮晶晶的柿子探头探脑。一些树上的叶子已经飘落得所剩无几，余红彤彤的柿子灿烂枝头。这闹市街头的红果，除去点染时光的丰硕外，也亮出了古城人的生态素质。

转过弯后，芙蓉西路两边的街景，被一种很北方的植物刷新——这里是高高大大栾树的天下。这个季节的栾树很有风情，随便看向一棵，都会心生愉悦。树上串串小红灯笼，在秋末的傍晚，荡漾出烟霞般的温暖。

走在曲江池西路的樱花树下，少数变红的叶子，让人想起它们的春天。早春，漫步在这条樱花大道上，不知不觉间，就成为花中人、画中人。风起时，点点花瓣随风飘扬，"花谢花飞花满天"。这两年，西安街头迅速冒出来好几处"樱花大道"——西安高新二路、凤城三路、未央路和雁翔路，等等。早春这些地方因了樱花树而诗意旖旎，赏樱，

再也不必去挤西安交大和青龙寺了。

　　走过一片银杏树林时，有风儿碰醒了黄叶的梦，轻轻一旋，便飘洒起金色的扇面雨，像唐诗宋词里的叹息，一句一滴，一滴一句。"碧云天，黄叶地，秋色连波，波上寒烟翠"，说的就是眼前的光景吧。随手捡起一片银杏叶，也像捡起了一件艺术品。精致小巧的叶子，像一把小扇子，无数纤细的叶脉，从叶柄基部出发，辐射状排满叶面，丝丝分明。

　　这些天，无论走在南大街、大雁塔广场，还是走在住宅小区里，只要一瞥见银杏树那一抹明艳的金黄，再阴郁的心，也会折射出温暖的阳光……

　　有大树、鲜花和小草伴生的街道，真好！伸手，可掬一捧色叶。凝目，是姹紫嫣红。一圈两个多小时走下来，感觉已被植物的气息灌溉，它们的清香浸入了肌肤，又渗出体外，浑身上下便神清气爽了。

　　进到城市里的大树，是幸运的。我常常看到树们裹着草绳和麻布外套，坐在大卡车上来此定居。每日里有人专门负责为它们浇水、除虫、整形、输营养液。慢慢的，这座城市，成了这些大树的第二故乡。

　　这座城市——西安，也因此拥有了"国家级森林城市"的称号。

　　喜爱植物的我，其实一直与植物为邻，就居住在雁塔区的植物园里。前些年，植物园外荒芜时，我每日傍晚的锻炼，只是局限在园子里绕圈。

　　我清楚地记得，二十多年前的夏天，当我怀揣大学毕业证和派遣证到位于曲江的单位报到时，心头所有的诗意，一点点破碎在道路两旁低矮破旧的民房和缺少绿树的马路上。

　　那时，我们单位门前的公交车仅有一辆，是起点站，也是终点站，

晚上 8 点停运。到市区的其他地方去，必须步行穿过整个陕师大校园抵达长安路，再转乘其他车辆。无数次亮闪闪流淌在心里的"曲江"，连个影子也寻不见——没有江水、河水，甚至连湖水也很少见到。

那时的大雁塔，就像一个散漫的乡村老人，斜靠在墙根下，慵懒地晒太阳。

改变，是从植物开始的。

似乎在一夜间，那些有碍观瞻的低矮房屋消失了，道路变得宽阔起来，公交车增加了四辆，不远处通了地铁。楸树、国槐、大叶女贞、龙柏、樱花、合欢、红叶李、栾树、无患子、紫荆等挺拔的身姿，渐渐现身在道沿上的树池里，这里一排，那里一片。这一个个葱翠的身影，去掉了楼房和马路的桀骜，让我的眼睛润泽；牵引我的双脚，和它们一步步靠近。

门前的公交车辆也由原来的一辆，变成了五辆，向北稍稍走得远一些，还有更多的公交线路和地铁可供选择。

十多年前，大雁塔广场在西安人的汗水与智慧中掀开面纱，大树林立、花草茵茵、叠水飞瀑。那宏大的气势，赚足了眼球和赞美，创下了多项全国及世界纪录。从我家步行至大雁塔广场，只需要 20 分钟。夏日的黄昏，我常常携夫带子，无数次漫步在这个融汇古今文明的广场上，阅读她，亲近她。孩子最喜欢看的，是暮色中五光十色的大型水舞表演。一簇簇喷涌而出的水柱，能够听得懂音乐，会随着旋律灵动地变换身姿，在斑斓彩光的渲染下，跳最欢乐的舞蹈，时而彩蝶莲花，时而云霞海鸥。

2007 年，南郊再现大手笔。记载于史书中从秦到唐的皇家园林"复活"——曲江池遗址公园、唐城墙遗址公园、唐大慈恩寺遗址公园，

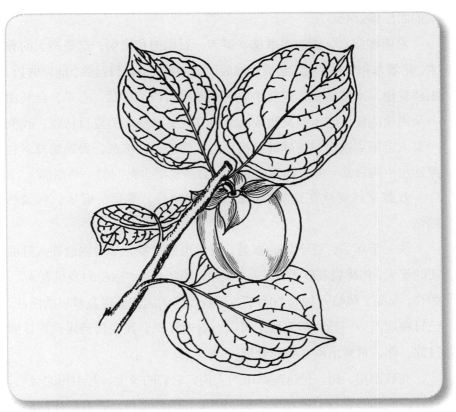

如三颗明珠，熠熠闪耀在"曲江"新区。

从我家步行到唐城墙遗址公园，只需 10 分钟。寒暑假里，这里掩映在绿树和草坪中的健身设施和游乐场，是孩子们的天堂，上下穿梭、勇往直前的小小身影，演绎着美好的童年，欢笑声荡漾得到处都是。

由唐城墙遗址公园一直向东走，就到了曲江池遗址公园。南湖，700 亩的水域，垂柳依依，荷叶田田，水鸟游弋——"菖蒲翻叶柳交枝，暗上莲舟鸟不知。更到无花最深处，玉楼金殿影参差。翠黛红装画鹢中，共惊云色带微风……"诗人卢纶《曲江春望》中的诗句，说的就是眼

前的曲江盛景吧。

　　沿南湖绕行，湖边多垂柳、银杏、石榴树和法桐，这些高大的乔木、花灌木和地被植物，组成森林般的景观群落。极目远眺，池岸曲折，廊桥轩榭，水波浩渺，空气中似乎都渗透着诗词歌赋。心里，会长出一朵出尘的莲，洁净而又雅致。节假日或某个悠闲的夏日傍晚，我们一家人会来到这里，静静地坐在湖边，仰望一树柳条，看鸭鹅戏水，凝视水中的白云。曲江的碧波秀水，会涤荡尽尘世间的一切烦郁。

　　我越来越喜欢在这座城市的森林里穿行，赏景，锻炼，感慨和回忆。

　　快三十年了，三十年的岁月，其实也很短暂。拿着派遣证入驻曲江的那天，仿佛就在昨天，但人是物非。当年那个"散漫的乡村老人"，如今，变成了风情万种的"少妇"。那曾经亮闪闪流淌在我梦里的曲江，已日臻完美……我，似乎终于可以对着曲江说，我在唐诗宋词里读到过你，你，常常出现在我的梦里。

　　在我眼里，树，是这座城市的天使，它们的身上，有山川的灵气，有甘露的润泽和日月的精华。树，用柔和的外形色彩，对坚硬的路面和呆板的楼房，日复一日进行着艺术修补；树，每日里纳秀吐芳，让水泥四方城有了精气神，有了季相的变幻，有了文化的底蕴。

　　从此，我可以不必惦念着西湖，不再想着要去观赏别人的园林。

# 槭树翅果善飞翔

　　槭树，对于大多数人来说，听起来有点陌生。但说起红枫，似乎人人都知道，殊不知，红枫只是槭树家族里的一员。那些芳名叫什么枫、什么槭的植物，多是槭树家族的成员。

　　大雁南飞的季节，五角枫、鸡爪槭、元宝枫、三角枫、茶条槭、复叶槭等槭树兄妹，开始着手扎染深深浅浅的红衣，它们，要在大秦岭联袂上演一季红色的大型圆舞曲。当槭树兄妹翩翩然起舞的时候，秦岭也进入最美的季节，层林尽染。"停车坐爱枫林晚，霜叶红于二月花""晓来谁染霜林醉""萧萧浅绛霜初醉，槭槭深红雨复燃"……以叶色和叶形著称的观赏植物槭树，的确有资格被文人墨客如此反复唱咏。

　　诗人关注的是艺术层面和精神层面，科学家则关注其科学内涵。拥有一对神奇的翅膀，可以从高空旋转着飞翔的槭树翅果，自带光芒，这在种子的飞翔史上，开启了新的一页。受槭树翅果启迪，科学家设计出了仅几厘米长的无人驾驶飞行器。

　　翅果，就是拥有翅膀的果实。大多数翅果的外形，像鸟儿的翅膀，白蜡树、椴树和槭树种子，都拥有这样的长相。也有沿果实长一圈的圆形翅膀，如榆钱，还有长相如金元宝的，或者像蝴蝶的，翅果的外

形不一而足。

　　槭树的果实两枚一组，每一枚都有一个由干燥的果皮延伸发育而来、两三厘米长的翅膀。这样两枚果实的组合，就拥有了一双翅膀，翅膀羊角般彼此张开。深秋时节，翅根青绿，翅尖红艳，花朵般艳丽迷人。仔细看，薄薄的果皮翅膀里，还能看见脉络清晰、类似于叶脉的纹理，很像小时候常见的蚂蚱翅膀。即使种子发育不全，种子外的果皮翅膀，依然会十分健全。

　　在物理学家的眼里，槭树种子一双翅膀间的张角也十分考究。当槭树种子成熟后脱离母体，因重力下坠的一刹那，这对小翅膀即刻开启螺旋桨的功能，让种子在空中旋转起来，在种子的上空，形成了一个小小的涡旋气流。涡旋气流大大延长了种子在空中飞翔的时间，能让风儿把果实带到更为遥远的地方，开疆拓土。在这架绚丽的螺旋桨座椅里，槭树种子远走天涯，既快捷又有效。

　　人类模拟槭树种子的飞翔，始于20世纪50年代。此后，研究人员一直致力于对槭树种子飞翔的深入研究。在设计飞行器的机翼时，槭树翅果自动旋转的功能，是最好的参照物，因为这样可以让飞行器在下降过程中保持平稳。而在设计动力系统时，槭树种子的螺旋桨围绕一点旋转的模式，依然是科学界至今难以超越的经典。

　　2009年，马里兰大学詹姆斯·克拉克工程学院的埃文·乌尔里，设计出了一款可操控单螺旋翼飞行器，这款世界上最小的槭树种子飞行器，最长的地方仅9.5厘米，机翼和我们能够看见的槭树翅果大小相当。这架袖珍飞行器，曾在马里兰大学、美国直升机协会年度论坛和史密斯森协会乌德瓦·哈兹航空航天博物馆等地进行了展示。

　　2011年9月8日，《科技日报》以"槭树种子带来灵感，美国研

制出世界最小飞行器"为题，报道了人类模拟大自然，取得的又一重大进步。该袖珍飞行器不仅可以用于航空拍摄，还能在军事和公共安全方面大展身手。至此，大众的眼睛，才又一次被槭树拉直，一起聚焦到槭树种子上。

　　一百年前，人类有谁会想到螺旋桨的特性呢？可槭树一旦开花结果，就拥有并且利用了这个飞翔的装备。在机械设计方面，植物，永远是人类的老师。

# 16

# 看　椰树

　　是明信片里的天空呢。湛蓝的天上，洁白的云朵悠悠然漫步。墨绿色、羽毛一样的大叶子，从一个点向四面八方舒展开来，在风中，摇曳成一朵绿色的"烟花"。

　　我头顶的天空，被两朵巨大的"烟花"切割成蓝、白、绿相互漫卷的画。

　　那些从无垠天际吹来的风，也拂过躺在沙滩上听涛看海看天空的我。风儿推动空中的白云列队，一会儿是奔马，一会儿变群山，过会儿又成了河流……风，亲吻我头顶上的大叶子时，叶子们"烟花"般四溅，飘荡出一朵又一朵绿色的花。

　　这大绿花，是海南岛上的椰子树。

　　头顶的椰子树，是我熟悉的模样。从最早我听觉里的形象，到明信片里第一眼看到的样子，从椰树的单身照、群照，再到后来由椰树构建的景观视频，这么多年，椰子树和我熟悉得几近亲切。可是，像这样躺在椰子树下，听风看树，还真是第一次。

　　时光，回溯到二十多年前我的大学时代。

　　新生报到第一天，我拖着沉重的箱子走向女生宿舍。

　　"你好，我帮你拎箱子。我大三了，我们是一个系。"阳光的声音，

颀长的身影，那一天格外美好。

课余，他喜欢聊家乡，聊家乡海南的椰子树。每每说起椰树时，他的眼睛里都会闪出熠熠的光。他说，自己选择植物学专业就是为了回乡，用植物装扮自己家乡的土地。

从此，海南椰子树，谜一样长进了我的心里。

一年后，如他所言，他毕业回乡种椰树去了。不久，我就收到他从家乡邮寄出的一张明信片——一株颀长秀美的椰树，在蓝天白云下傍海而立，玉树临风。

我从小生长在大西北，第一次看见了椰子树，也感受到了椰子树的气质："日南椰子树，香袅出风尘。"一如当年的他。后来，陆续收到他的明信片、照片还有文字。激情洋溢在图片上、文字间，他常常会在信末写上：来海南看椰树吧，我等你。

慢慢知道，他成立了一家园林公司，知晓他几乎天天与椰树为伴。他像一位技艺精湛的绣女，椰树，是他的针线，村庄、海岸、天涯海角，都是他的绣场。那些年，绣场里的椰树，一簇簇，一片片，风光旖旎，它们潮水一般沿照片涌向我，对地处大西北的我，微笑。

阴差阳错，他离不开椰子树，而我，大学毕业后要回到母亲身旁。懵懂的爱，搁浅在毕业分配的港湾里。然而，同学情谊依然沿着椰树的枝干摇曳。

大约十年后，他的公司拥有了城市园林绿化企业的二级资质，站在椰林边上的他，依然青春俊朗，笑颜如花；他的绿化项目，多次获海南省园林绿化优质工程大奖……当我回忆起二十多年来和他的交往，突然发现，他所有的成绩和快乐，几乎都离不开椰树。我们每一次交流的文字里，也都有椰树的身影。

生长在海南的椰树，出现在我眼里和心里的频率，比我周围的任何一种植物，都要多。

毕业后，我留在了自己的家乡西安工作。这些年，我多次去南方开会，在香港、云南和厦门等地，我见过不少椰子树，但它们，似乎都缺点儿什么，我心目中的椰子树，只生长在海南。

这个春节假期，我从大西北飞往海南，把自己置身海滩的椰子树下。我没有告诉他我来了，我想独自看看海南的椰树，触摸这种让一个人一辈子引以为荣的植物的气息。

从冰天雪地的西北突然降临椰树葳蕤的海南，场景神奇得犹如幻灯片切换，一下子竟不知今夕何夕。我不想让海岛上的椰树看见我的慌乱，所以我一边脱掉厚重的羽绒服，一边调整心绪，好让自己尽快适应，适应这个椰林环绕、阳光富裕的海岛。

扑面而来的是海风，温润舒爽，因为有风，阳光并不热辣，没有雾霾，天地豁然开朗，心也开阔敞亮起来。坐在行进的车里，看一棵棵椰树涌来，又不断向后退去。它们宁静，它们不语，似在不动声色中和我一同追忆，追忆那些呼呼逝去的光阴。

眼前的椰子树，明显不同于北方植物。北方的树，主干大多低矮，从下到上、由粗而细的主干上，枝干旁逸斜出，更像是一个纵横交错的大网。椰子树则修长挺拔，上下主干几乎一般粗细。羽状的树叶，仅在树顶像烟花那样"炸裂"，在高空轰然定格成一朵绿花。丝丝缕缕，参差有序，渐长，渐短，宛如工笔画家精心描摹出来一般。有时候，在"花"心位置，会看到圆圆的椰果你拥我挤，那是这朵大花甜蜜的报酬，是它献给这座岛屿的爱。

传说中，椰子树是孔雀变的。它看到大地上干旱贫瘠，民不聊

生，于是用嘴巴深入地下吸吮泉水，然后把甘甜的水，通过树干送到树顶的大果子里存储起来，让人们摘下来解渴，用美丽的尾巴为大地遮荫……导游这么说椰树时，我的脑海里立刻浮现出他——我的师兄，分明就是这座岛屿上一株行走的椰树呢。为了改变家乡曾经的贫瘠，他一心一意在这天涯海角开疆拓土，遍撒绿色。

我知道，正是因为有无数椰树，有无数和师兄一样的海南人，他们不舍昼夜地辛勤耕耘，这曾经的流放之地，才变成了现如今多少人梦寐以求的花园海景城市。

和椰树接触久了，我发现，椰树，才是这片土地上的智者。从外貌到精神，椰树更接近于庄子所谓的不才之大智。台风劈头盖脸撞过来时，椰树细细长长的枝叶，化作绕指柔，滤掉狂风的撕扯；椰树拥有的维管束茎秆，永远做不了板材，却最适宜对抗台风。在树干大起大落的摇摆中，你看不到卑微，倒是有一份搏击长空的潇洒；飓风中飞扬的绿色，闪耀出生命柔韧的光……或许，只有椰子树明白，有些强大，其实并不在于外形；有些价值，也并不需要在硬碰硬中显现。

走进海南，也就走近了椰树的谜底。

不觉间已日暮西山，禁不住想，此刻，我的老同学还在栽植椰树吗？岛上满目的椰树，这一棵，那一棵，肯定有许多，都是他栽的呢。

临走，我伸开双臂，拥抱了身边的一株椰树。那一刻，我希望自己也是它们中的一员，万种风情地站在椰岛上，爱这片土地，也被爱；抬起头，墨绿色的"花朵"，在晚霞的幕布上，绘出了一幅明信片一样美丽的画。忍不住看一眼，再看一眼。许久，不愿离去……

上飞机前，我给他的微信留言：我已来过你的家乡，也看望了你栽种的椰树。椰树，是这座岛屿上最美的花儿呢！

# 梅花不喜漫天雪

　　飘飘洒洒的雪花，让西安爆表的雾霾终于散去。在冷冽的空气里，人的嗅觉变得格外敏锐。"墙角数枝梅，凌寒独自开。遥知不是雪，为有暗香来。"此刻，被大雪阻隔了的春天，悄然莅临一朵朵梅花。

　　能够在雪中绽放，梅花是否特别耐严寒？答案是：较耐寒。

　　和桃花、李花相比，梅花的耐寒性略胜一筹；但和蜡梅相比，梅花的耐寒性要逊色许多。

　　这么说，大家肯定有些失望吧？千百年来，梅花在诗词歌赋中，一直都是迎雪吐艳、凌寒飘香的典范，是坚韧高洁的中华民族的精神象征！

　　没错，在梅花的适生地江南一带，它的自然花期是 2 月中上旬，正值农历春节。"开得早不如开得巧"，在人们过年、赏花、迎春的一年之始，"一树独先天下春"的梅花，因此被文人墨客赋予了高尚的品德——以花喻人，借花言志，逐渐成就了一种"梅花精神"。

　　这"梅花精神"的光芒太过耀眼，以至于让大家误认为梅花非常耐寒。但如果非要以耐寒这种"风骨"来给植物排名次的话，梅花的名次，肯定是靠后了。

　　看看北方户外自然生长的梅花，就知道，它其实是不怎么耐寒的。梅花，在西安的自然花期是 3 月底、4 月初，基本上和碧桃、榆叶梅同

期开花。所以说，梅花的凌霜傲雪，在很大程度上只是艺术夸张而已。

先于梅花开花的植物有许多，蜡梅一马当先，在寒冬腊月里开放。接下来，迎春、结香、山桃、玉兰、连翘、金钟等等，也会在梅花之前渐次绽放。这是北方植物自然花期的排名，大体也是其耐寒能力的排名。

梅花能否提前开花以及开花的早晚，都与开花前的环境温度脱不了干系。一般说来，当超过5℃的有效积温达到150℃左右时，梅花

花朵们都会吐蕊放香，而不会去管此时冰雪是否已经上路。

梅花肯定不喜欢在漫天大雪时绽放。几乎所有植物生长的适宜温度都在 15℃～ 25℃ 之间，梅花也不例外。

老家在江南的梅花，生性喜欢温暖湿润的气候环境。环境温度低于 5℃，已经大大超出了它的理解力，花，自然无力打开；若环境温度低于 -15℃，是该要梅花的命了。除温度之外，梅花能否健康生长，生存环境的湿度也很重要。所以，我国十大赏梅胜地，全在南方。

在西安，露地梅花自然生长的状况也不是很好。很显然，北方冬季的干冷和夏季的干热，都对它的生长不利。说白了，梅花是地地道道的"南方人"，迁居北方后，肯定会水土不服，更别说其喜欢漫天大雪了。

梅花有一个特点，那就是花朵一旦开放，就很难合上。它不像郁金香和睡莲那样，花瓣可以随环境温度而收缩，在需要的时候将花朵闭合。

江南的 2、3 月份，气候也处于频变期。因此，梅花盛开时遭遇暴风雪很正常，遇上了，花朵只能顶风冒雪地硬撑着。这雪映梅花的倩影，的确是自然界曼妙的美景，看到的人，精神都会为之一振，也让怜香惜玉的诗人们感慨万千，从此，便有了梅花精神。

只是，这雪映梅花，在人的眼里是美好的，在梅花看来，却是一场小小的灾难。一场大雪后，梅花会元气大伤，无数含苞待放的花朵，会停滞开放，甚至会出现落蕾的情况；猛然出现的寒流，也会让梅花的媒人蜜蜂们躲在家里出不了门，因此，如果是果梅的话，产量下降，那是肯定的。

无论如何，当人们见到凌寒傲放、独步早春的梅花时，都会真切感受到冬天里的春天气息，继而对梅花投去赞美的目光。喜欢抒情的诗人，也有了用武之地："万花敢向雪中出，一树独先天下春。"